読んで楽しむ代数学

加藤明史

現代数学社

はじめに

　本書は2部構成である．第I部「代数学の話」は群・環・体などのいわゆる代数系入門であるが，いたずらに抽象論を振り回さず，基本概念をじっくり説明する．そして，このような代数的構造が，理念的にも歴史的にも，

$$\text{自然数} \to \text{整数} \to \text{有理数} \to \text{実数} \to \text{複素数}$$

という数概念の拡張とどのように結びついて発展してきたかを明らかにする．第I部の後半では，以上の議論を踏まえて，代数的構造の典型的な例として初等整数論をさまざまな応用と共に紹介する．この講座は気楽に読んで頂くために，一話ずつテーマを完結させるように配慮してある．

　第II部「代数学メニュー」は代数学の基本定理を中心とする方程式論への入門である．これは，代数学はもとより，数学のどの分野でも必要不可欠な基礎知識であるが，この講座では例題を大学入試問題から採り，高校生でも十分読めるようなテーマに限定した．組立て除法による高次方程式の解法など，興味深い応用問題も多い．本書を，大学の初年度生や高校の先生方はもちろんのこと，数学好きの高校生諸君にもぜひ読んで頂きたいと願っています．

2007年10月

加藤明史

はじめに ……………………………………………………………………… i

第Ⅰ部　代数学の話 …………………………………………………… 1

第1話．プロローグ …………………………………………………… 2
1. 記号法の発展 ……………………………………………………… 2
2. 記号と概念 ………………………………………………………… 5
3. 結語 ………………………………………………………………… 8

第2話．集合とは何か ………………………………………………… 10
1. 集合の定義 ………………………………………………………… 10
2. 集合の包含関係 …………………………………………………… 13
3. 集合の演算 ………………………………………………………… 17
4. 回帰の思想 ………………………………………………………… 30

第3話．数学的帰納法について ……………………………………… 21
1. 数学的帰納法の原理 ……………………………………………… 21
2. 数学的帰納法の変型 ……………………………………………… 26
3. 自然数の整列性 …………………………………………………… 28

第4話．代数的構造について ………………………………………… 31
1. 集合と構造 ………………………………………………………… 31
2. 演算の構造 ………………………………………………………… 36
3. 群の公理 …………………………………………………………… 39

第5話．結合律とカタラン数 ………………………………………… 42

iv

1．カタラン数 ………………………………………………… 42
　　　2．オイラーの問題 …………………………………………… 46
　　　3．結合算法 …………………………………………………… 49

第6話．群表とクラインの4元群 ……………………………………… 52
　　　1．群表について ……………………………………………… 52
　　　2．クラインの4元群 ………………………………………… 56

第7話．四則演算について ……………………………………………… 62
　　　1．四則演算と体の公理 ……………………………………… 62
　　　2．環の公理 …………………………………………………… 65
　　　3．法pの剰余体 ……………………………………………… 69

第8話．ブール環について ……………………………………………… 72
　　　1．集合算の構造 ……………………………………………… 72
　　　2．命題の演算 ………………………………………………… 76
　　　3．ブール環の表現 …………………………………………… 77

第9話．形式不易の原理 ………………………………………………… 82
　　　1．数概念の拡張 ……………………………………………… 82
　　　2．代数学の基本定理 ………………………………………… 84
　　　3．ハミルトンの4元数 ……………………………………… 85
　　　4．有理数から実数へ ………………………………………… 87

第10話．複素数の世界 …………………………………………………… 91
　　　1．複素数平面 ………………………………………………… 91
　　　2．1のn乗根 ………………………………………………… 94
　　　3．極形式の方向因子 ………………………………………… 98

第11話．整数論ことはじめ ……………………………………………… 101
　　　1．初等整数論への勧誘 ……………………………………… 101
　　　2．約数と倍数 ………………………………………………… 103

v

3. 最大公約数と最小公倍数 ……………………………………… 105
　　4. ガウスの補題 …………………………………………………… 108

第12話．素数の分布について ………………………………………… 111
　　1. ユークリッドの素数定理 ……………………………………… 111
　　2. 素数の分布 ……………………………………………………… 115
　　3. オイラーの定数 ………………………………………………… 118

第13話．約数の和と完全数 …………………………………………… 123
　　1. 約数の個数 ……………………………………………………… 123
　　2. 約数の和 ………………………………………………………… 125
　　3. メルセンヌ素数と完全数 ……………………………………… 127

第14話．ユークリッドの互除法 ……………………………………… 132
　　1. アルゴリズム …………………………………………………… 132
　　2. 応用問題 ………………………………………………………… 136

第15話．連分数と黄金比 ……………………………………………… 143
　　1. 連分数とは何か ………………………………………………… 143
　　2. 黄金比の連分数表示 …………………………………………… 148

第16話．完全剰余系と合同式 ………………………………………… 153
　　1. 完全剰余系 ……………………………………………………… 153
　　2. 合同式の計算 …………………………………………………… 156
　　3. 約数の見つけ方 ………………………………………………… 158
　　4. 九去法 …………………………………………………………… 160

第17話．法 p の剰余体について ……………………………………… 164
　　1. 正則元と逆元 …………………………………………………… 164
　　2. 法 p の剰余体 ………………………………………………… 168
　　3. 1次合同式の解法 ……………………………………………… 172

第Ⅱ部　代数学メニュー ……………………………………… 175
  Section 1.　数直線上の問題 ……………………………… 176
  Section 2.　算術平均と幾何平均 ………………………… 184
  Section 3.　対称式と交代式 ……………………………… 192
  Section 4.　恒等式と未定係数法 ………………………… 202
  Section 5.　数学的帰納法の原理 ………………………… 211
  Section 6.　2項定理と多項定理 ………………………… 220
  Section 7.　剰余定理と組立て除法 ……………………… 229
  Section 8.　代数学の基本定理 …………………………… 238
  Section 9.　不等式と領域 ………………………………… 247
  Section 10.　方程式の変換 ………………………………… 256
  Section 11.　根の限界と分離 ……………………………… 265
  Section 12.　整数問題と3角形 …………………………… 274

索引 ………………………………………………………………… 282

第一部

代数学の話

代数学の話

第1話　プロローグ

1. 記号法の発展

　現代数学の特徴として，しばしば抽象化，一般化，形式化などが指摘されるが，この傾向は特に代数学において著しい．これらの傾向を支えているものは現代数学の"記号主義"であるが，歴史的にも記号の発達は代数学の発展と不可分に結びついているのである．

　考えてみれば，古代バビロニアの楔形文字や古代エジプトの神聖文字も一種の記号であり，一種の抽象である．0（ゼロ）や位の原理，インド・アラビア数字，＋や－あるいは×や÷の記号，……これらはすべて一朝一夕にしてなったものではない．因みに，符号＋，－が初めて登場するのは15世紀になってからのことであるが，それも単に過・不足の意味での符丁として用いられたに過ぎず，加法・減法の演算記号として用いられたのではない．それが，一般に使用されたのは，更に1世紀後のヴィエト以後のことなのである．

　記号代数の発展において，16世紀のフランスを代表する数学者**ヴィエト**の貢献は偉大である．彼がアルファベットの文字で一般元や不定元を表示し，その伝統がデカルトやフェルマーに引き継がれたのである．しかし，そのヴィエトでさえ，単に正数しか知らなかったし，現代ならば，

$$x^3 - 8x^2 + 16x = 40$$

と書くべき方程式を

$$1C - 8Q + 16N \quad \text{acqu. } 40$$

と書いていたのである．我々が用いる等号 = は同じ頃のイギリスに現れた．——思えば，今日，我々が何気なく使用しているいろいろな記号も，実は先人達の苦労の賜物なのである．

ドイツの数学史家ネッセルマンによれば，代数学の発展には，言語的代数，省略的代数，記号的代数の3段階があるというが，これはひとり代数学に限らず，「すべての知識は，直観的記述から出発するが，記号的構成の方に向かうものである」(ヘルマン・ワイル) ということであろう．

デカルト以後，記号法はますます現代のものに近づいてくる．その約半世紀後の**ライプニッツ**は，適切に選ばれた記号法が我々の数学的思索においていかに重要な役割を果たすかを真に洞察していた数学者の一人であった．適切に選ばれた記号法は，単に計算の手段ということに止まらず，論証の能率と客観性を支える重要な契機である．それは我々の計算能力，演算能力を増強し，曖昧さと錯誤を避けさせる導きの糸である．こうして，ライプニッツは代数的な記号法に加えて微分記号 d と積分記号 $\int$ を発明し，更に，単に計算問題に記号を用いただけではなく，形式論理学をスコラ哲学の袋小路から脱出させる道具としても記号を用いようとした．彼は，今日の記号論理学の先駆者として，一種の形式化された言語「普遍的記号法」によって，人間の一切の思想をいわば機械的にに算出しようとしたのである．その理想の一部は今日の電算機の中に生かされている．

オイラーは現代でも通常使用されている多くの記号を発明した，円周率 π，自然対数の底 e，虚数単位 i を神秘的に結びつけた彼の公式

$$e^{i\pi} + 1 = 0$$

は現代でも関数論の基本的公式である．気の毒にも，オイラーは過度の勉強のために老いてから盲人になったが，召使いに口述して「代数学入門」(1770) を出版した．この書物は後にラグランジュによる増補版 (1795) も出版され，全ヨーロッパに大きな影響を与えた．オイラーは変数 x の数式を"関数"と呼び，記号 $f(x)$ で表した．その後，関数概念は進化したが，代

ヴィエト

ライプニッツ

オイラー

ガウス

エミー・ネーター

ヒルベルト

数関数と超越関数，有理関数と無理関数，整関数と分数関数，偶関数と奇関数，などの表現形式による区分けはそのまま現代でも使われている．

ガウスが登場すると，もはや近代である．ガウスは青年期の著作『整数論研究』(1801) の巻頭第 1 頁で合同式

$$a \equiv b \pmod{m}$$

を定義したが，これは近代整数論の開幕を告げる優れた記号法の誕生であった．

「n 次の代数方程式は，重複度も数えれば，複素数の範囲で必ず n 個の根を持つ」という，いわゆる"代数学の基本定理"は，彼がまだ弱冠 22 才のときの学位論文 (1799) で証明されたものである．

オイラーやガウスの記号法はコーシーやリーマン，ワイエルシュトラス，アーベルやガロアなどの 19 世紀の大数学者達に継承され，発展させられた．そして，ポアンカレやクライン，ヒルベルトの現代数学の成長期を経て，20 世紀のブルバキズムや大型電算機の時代に進むのである．

2. 記号と概念

よく"数学者は記号で考える"といわれるのは，以上見てきた通りである．再びワイルの言葉を引用すれば，「人間の心は記号の使用を通じて初めて直観によって到達できるものの限界を飛び越える力を十分に感ずるのである．」(『数学と自然科学の哲学』，1949)

しかしながら，記号と概念は数学的構造物という刀の諸刃(もろは)なのであり，それらは相互浸透的に使われるべきものである．我々は数式のジャングルの中で道に迷ってはならない．今日の数学教育上の大きな問題点の一つはここにある．強力な記号法はその背後に確実な概念的思考を伴っていなければならない．今日の記号法はもはや中世の"代数"(数の代わり！)の段階にはない．アルファベットは，単に一般元や不定元を表すのみではなく，あるいは演算を表し，あるいは集合を表し，あるいは群や環，体などの構造を持つシステムを表す．もはや，これらの系の概念的把握なしに記号だけを振り回すことは不可能なのである．

抽象代数学の母**エミー・ネーター**は「記号ではなく，概念によって」(Not notation, but notion.) という標語で知られる．ある時，彼女は次のように言ったという：

「二つの数 a, b の等しいことを，最初 $a \leqq b$ であること，次に $a \geqq b$ であることを示して証明するのは正しくありません．そうではなくて，それらの等しいことに対する"内的根拠"を明らかにすることによって，それを示すべきです．」

エミー・ネーターの弟子であり，現代代数学の古典的教科書で有名なファン・デル・ヴェルデンはこのことを次のように評している：

> 「彼女はいかなる定理，いかなる証明も，それが抽象的に捉えられ，それによって精神の眼に見えるようになるまでは，彼女の精神の中に受容することは出来なかった．彼女は"式の中ではなく，概念の中で"のみ考えることが出来た．」

ネッセルマンのいわゆる言語的代数，省略的代数は記号的代数によって一たん否定されたが，その記号的代数も再び言語に戻らなければ，数学的構造物の形相は概念的に把握できない．これは数学史の弁証法である．これは"数式ぬきで分かりやすく"などという数学の程度の問題ではなく，むしろ数学の方法論の問題である．

上述のエミー・ネーターは，最初，父の同僚である不変式の王者ゴルダンの指導のもとに，その古き良き計算主義の影響下に，300個以上の数式で埋まった学位論文（1907）を書いた．しかし，1915年に**ヒルベルト**のいるゲッチンゲンに移ると，彼女は計算主義をきっぱりと捨て，ヒルベルト的思考方法に切り換えた．その頃，ヒルベルトはミンコフスキーに当てて，「数学では思想こそ優先するもので，形式に支配されることは幸福な結果を生まないものです」と書いていたのである．後年，ネーターは初期の仕事のことを尋ねられると，「数式のジャングルだ！」と自嘲するのが常であったという．

ゴルダンは"算法家"だった．時として，彼の論文は20頁にも渡って数式だけで埋め尽くされていた．青年ヒルベルトは，ゴルダンが2変数の不変式に対して証明した一定理の証明を，任意個の変数に対して，しかもゴルダンの長々とした計算を避けて簡潔に証明した．これを見たゴルダンはうろたえて叫んだ，「これは数学ではない，これは神学だ！」と．

現代の代数学はヒルベルトの思考様式の影響下にある．数学の勉強において，計算力の養成はもちろん大切であるが，数式が数学の目標であるのではない．我々は，いかにも無味乾燥な記号の背後に，集約された数学的理

念を見るのである．そこに，オイラーやガウス，ネーターやヒルベルトの数学的心象風景を見るのである．

　ヒルベルトは数学史上の古典的著作『幾何学の基礎』(1899) の冒頭を，カントの次の有名な言葉で飾った：

> 「このように人間のすべての認識は直観に始まり，概念に進み，理念に終わる．」(『純粋理性批判』, 1781)

　しかし，人間の認識はここでストップしてしまうのではない．数学者は自らの審美眼を養いつつ，もう一度，豊かな直観の中に戻っていかなければならない．現代フランスの美術評論家ルネ・ユイグは『見えるものとの対話』(1955) の中で半世紀前に次のように述べた：

> 「合理的論理の網の目に足を取られてしまった思索は，今ではどちらかといえばその歩みは遅い．近代人はそのような手間を拒否して，より簡単な，より直接的な対象把握の手段，すなわち感覚へと向かう．だが，その見捨てられた抽象的思索も，かつては人間の仕事の能率をあげ，行動を素早く行なわせるために，人間自身によって考え出された手段であったのだ．」

　こうして，今や，概念的把握に加えて"イメージ"の復権が行なわれている．一たん否定され尽くしたかのように見えた「直観」も，一層高度な形態で数学に再登場しているのである．すなわち，"図式"が一種の記号として縦横に活躍しているのである．例えば，ブルバキが見忘れた処に発展しているグラフ理論の大家フランク・ハラリイは，その著作『グラフ理論』(1969) の序文で，「図形で表現するせいもあって，グラフは直観と美的感覚に訴えるものを持っている」と表明し，殆ど各頁に豊かな図式を挿入している．ここでは"グラフ"(いわゆる直交座標のグラフではない)が一種の記号として，思考の導きの糸の役割をはたしているのである．それらは単なる"挿絵"として書物に添えられているのではなく，数学のこの分野ではもはや不可欠な道具なのである．

3. 結語

　幸か不幸か，現代の科学技術は我々の精神生活の充実を追い越して進んでしまった．突っ走る物質文明と停滞する精神文化の歪みが至る処で指摘されている．しかしながら，数学について言えば，この歪みを正すためには，現代人は自らの精神生活を反省し，向上させるべきであって，先人達が 4000 年の歴史をかけて築いてきた知恵と努力の結晶 —— 記号と概念の希有な構造物 —— を退化させるべきではない．新しい学習指導要領では，小学校においては，円周率 π の値を"3"としか教えないのだという（その後，この案は改善された）．古代のアルキメデスでさえ

$$\frac{223}{71} < \pi < \frac{22}{7}$$

を算出していたのに，これでは紀元前 2000 年のバビロニア人やエジプト人の知識に停るのではないか．元来，"位取り"は，小数点の上位にも下位にも両側に進行できることを把握してこそ，本当に理解できたというべきである．インド・アラビア数字こそ使わなかったが，

$$\pi = 3.1415926 \cdots\cdots$$

は宋の祖沖之の当時としては驚くべき精密な値である．しかも，彼には更に下位を計算する用意があった．これに対して，今後の小学生は位の原理を本当に把握しないまま中学校に進むのである．これは思考の退化ではないだろうか．茶筒に糸を巻いてその長さを正確に測ればそれが底面の直径の 3 倍よりほんの少し長いということは，小学生でも分かるのである．それを無理に 3 倍だと言いくるめることはないのである．そこには"円周率"というものの概念も直観も欠如しているのである．

　これからの理系学生は自分の情操を養い，直観力と論証力を鍛え，歪んでしまった物質文明と精神文化の是正に貢献しなければならない．社会の調和は個人の心の調和に懸かっているのである．

　本稿の執筆（特に前半の記述）に当っては，

小倉金之助・補訳 『カジョリ初等数学史』 共立出版
などを参考にした．なお，この講座の全体を通じて，筆者自身の次の書物を参照するので，志ある読者は参考にされると良いと思う：
(1) 加藤明史著『親切な代数学演習』，現代数学社．
(2) ファン・デル・ヴェルデン著，加藤明史訳『代数学の歴史』，現代数学社．

代数学の話

第2話 集合とは何か

1. 集合の定義

　代数学だけではなく，現在，数学のあらゆる分野で使われている最も基本的な概念は"集合"である．特に代数学では，考察の範囲が個々の数や量ではなく，ある一定の条件を満たす対象物の全体にわたることが多いので，集合（ものの集まり）の概念は必須である．

　数学において，明確に限定された対象を一まとめにしたものを**集合**という．ここで，"明確に限定された"とは，任意の対象 x をこの集合の要素として入れるべきか入れるべきでないかの基準がはっきり確定しているということである．たとえば，ある年月日において，ある市長選における"選挙権を持つ人々の集合"は論理的思考の対象として確定する．ところが，同じ町における"背の高い人々の集合"とか"髭の濃い人々の集合"とかはそうではない．個々の人に対する合否判定の基準がはっきりしないからである．このことは数学においては特に注意しなければならない．基準が曖昧であったり主観的であってはならないのである．たとえば，"大きな素数の集合"は不可である．どのような素数を"大きい"というのかの基準がはっきりしないからである．素数 10007 などは大きいといえば大きいが，小さいといえばあまりにも小さい．集合の定義においては，"常識の範囲で"とか"慣習により"という判定基準は通用しないのである．

　ものの集まりを示す語としては，"集合"(set) の他に

　　　　集まり（aggregate）　　級，組，類（class）
　　　　収集（collection）　　　族（family）
　　　　群（group）　　　　　　系列（sequence）

などがあるが，これらは数学では使われるとしても"集合"とは別のニュアンスで使われている．

　さて，集合一般を定義することは哲学的問題も絡んで難しいが，ここでは次に個々の集合を定義することを考えてみよう．一般に，個々の集合を表す記号としてはアルファベット大文字 S, M, E などがよく用いられるが，これは，それぞれ set（英語），Menge（独語），Ensemble（仏語）の頭文字に由来している．もちろん A, B, C などでもよい．

　個々の集合を定義するには次の2通りの方法がある．

(1) **外延的定義法**　これは，1つの集合を定義するのに，その要素を漏れなく重複なく列挙する方法である．この場合，すべての要素を一括するために，通常，大括弧 { } が用いられる．たとえば，
$$S = \{0, 1, 2, 3, 4, 5, 6, 7, 8, 9\}$$
と書けば，それによって集合 S が確定できる．

　外延的定義法は考えている集合の要素が明示されるので分かり易いが，要素の個数が多くなれば列挙することは煩雑であるし，要素が無限個あればそれをすべて列挙することは不可能である．

(2) **内包的定義法**　これは，1つの集合を定義するのに，対象 x がその集合の要素になるための必要十分条件 $p(x)$ を示す方法である．これは，通常，
$$\{x \mid p(x)\} \quad 但し，p(x) は x の条件$$
の形で表される．たとえば，上記の集合 S を内包的定義法で書けば，
$$S = \{x \mid x は整数で，0 \leqq x \leqq 9\}$$
とすればよい．条件 $p(x)$ は同値でなるべく簡単なものを選ぶ．

　外延，内包という用語は伝統的な論理学に由来する言葉であり，簡単に言えば，集合 S を定義するのに，S の要素をすべて列挙するか，または，S の要素たる条件を明示するかということである．

第 1 部　代数学の話

> **Q君の質問**　内包的定義法の場合，ある具体的な対象がその条件を満たすかどうかは必ずしも明確に判定できるとは限らないのではないでしょうか？．たとえば，
> $$P = \{x \mid x \text{ は素数}\}$$
> と置いたとき，
> $$333333331$$
> が P の要素かどうか直ちに分からないと思いますが……

——"素数"という概念ははっきりしているので，具体的に与えられた数，たとえば 333333331 が素数であるかどうかは，たとえ直ちに判定できなくても確定しているのだよ．もっともこの例について言えば，
$$333333331 = 17 \times 19607843$$
と分解され，素数ではないと明言できるのだが……．もっと大きな数や複雑な数，たとえば
$$2^{2^{100}} + 1$$
などが素数か否かは，たとえ直接判断できないとしても確定しているはずだ．同じような例を言えば，
$$Q = \{x \mid x \text{ は有理数}\}$$
と置いたとき，
$$e\pi \quad \text{および} \quad e+\pi$$
はその要素であるか否か？ つまり，有理数であるかどうか？ 実は，これは現代数学でも未解決なのだ．しかしそれによって"有理数"の概念が揺らぐわけではないだろう．また，たとえば，
$$R = \{x \mid x^5 + 7x^3 + 11 = 0\}$$
などと置いた場合，5 次方程式が簡単に解けるとは限らないから，この集合の要素がたとえ 5 個しかなくても
$$R = \{\alpha_1, \alpha_2, \alpha_3, \alpha_4, \alpha_5\}$$
のように，具体的な数で外延的に表せるとは限らないわけだ．

> **Q君の質問** よく自然数の集合を
> $$\mathbb{N} = \{1, 2, 3, \cdots\}$$
> のように書くことがありますが，このような記法は本来の外延的定義法からはまずいわけですね．

—— その通りだ．これは無限集合だから，すべての要素を列挙し尽くせるものではない．これは自然数とは何かが既に分かっている場合の"略記"だろう．序でに注意すれば，集合とはものの単なる集まりのことであって，その要素間の関係や集合全体の構造を調べるのはまた別の問題だ．つまり，外延的定義法では要素は"順不同"に列挙されるべきであって，$1, 2, 3, \cdots$ のような順序や大小の構造は，この段階では捨象されるべきものなのだ．なお，集合の要素には重複はあってはならない．たとえば，12 の素因数の集合は $\{2, 2, 3\}$ ではなく $\{2, 3\}$ が正しい．

2. 集合の包含関係

ある対象 x が集合 S の要素であることを
$$x \in S \quad \text{（所属記号）}$$
で表し，"x は S に属する"と読む．

記号 $\in$ はギリシア語の "element"（要素）の頭文字（イプシロン）に由来している．代数学では"要素"のことを元（げん）というのが普通なので，以下，我々もこの用語を使うことにする．今までの議論を簡単にまとめれば，次のようになる：

> **集合 S の内包的定義法** 条件 $p(x)$ を満たす x の全体を集合
> $$S = \{x \mid p(x)\}$$
> で表す．ある対象 x が集合 S の元であるとき，すなわち，$p(x)$ が成り

立つとき，"x は S に属する" といい，
$$x \in S \quad (\text{この否定は } x \notin S)$$
で表す．

　元（要素）の個数が有限な集合を**有限集合**といい，これに対して，元の個数が無限な集合を**無限集合**という．また，元を 1 つも含まない集合（元の個数 0）を**空集合**といい，
$$\phi = \{\ \}$$
と表す．

　さて，数学では，条件 $p(x)$ が成り立てば条件 $q(x)$ も成り立つことを
$$p(x) \Rightarrow q(x) \quad (\text{含意記号})$$
と書き，"$p(x)$ ならば $q(x)$" と読む．このとき，

　　　　$p(x)$ は $q(x)$ が成り立つための**十分条件**，

　　　　$q(x)$ は $p(x)$ が成り立つための**必要条件**

という．すなわち，$p(x)$ は $q(x)$ よりも条件として強く，逆に $q(x)$ は $p(x)$ よりも条件として弱いわけである．

　ここで，$p(x) \Rightarrow q(x)$ なる二つの条件 $p(x), q(x)$ でそれぞれ集合 A, B を内包的に定義してみよう：
$$A = \{x | p(x)\}, \quad B = \{x | q(x)\}.$$
このとき，対象 x が A に属するならば，x は B にも属することになる．すなわち，
$$x \in A \Rightarrow x \in B$$
となる．これは集合として，A は B に含まれる（B は A を含む）と言うことを意味している．この状態のとき，A は B の**部分集合**であるといい，
$$A \subseteq B \quad (\text{包含記号})$$
と表す．空集合は任意の集合 A の部分集合であると規約する．なお，A が B の部分集合のとき，あまり，一般的ではないが，B は A の**拡大集合**ということもある．

ここで，包含関係を表す記号 ⊆ の下線は $A = B$ の場合も許すことを意味し，もし $A \subseteq B$ かつ $A \neq B$ ならば，A は B の**真部分集合**であるといい，$A \subset B$ と表す．なお，テキストまたは学派によっては，われわれの ⊆ を単に ⊂ と書く著者も多いが，本講では上記のように下線のある記号を用いる．これは，ちょうど，実数の大小関係 ≦ の使い方と同じく，$a \leq b$ は "$a < b$ または $a = b$" を意味し，分かり易いからである．代数学ではこの用い方が多いようである．

以上によって，次のことが了解できたと思う．

内包と外延の関係 　二つの集合
$$A = \{x \mid p(x)\}, \quad B = \{x \mid q(x)\}$$
において，もし $p(x) \Rightarrow q(x)$ ならば，$A \subseteq B$ である．

　すなわち，一般に，内包が強いほど外延は小さくなり，また，内包が弱いほど外延は大きくなる．

なお，このような問題を考えるとき，あらかじめ**全集合** S を設定し，その範囲内で個々の集合 A や B を考えることが多い．また，それらの包含関係を 19 世紀イギリスの論理学者ジョン・ヴェンによる**ヴェンの図式**で表すと考えやすいだろう．

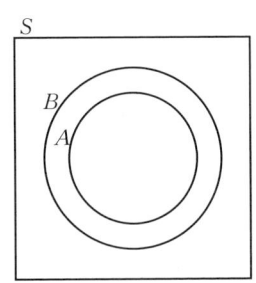

第 1 部　代数学の話

> **包含関係の性質**
> (1) 任意の集合 A に対して，$A \subseteq A$ が成り立つ．
> (2) もし $A \subseteq B$ かつ $B \subseteq A$ ならば，$A = B$ である．
> (3) もし $A \subseteq B$ かつ $B \subseteq C$ ならば，$A \subseteq C$ である．

包含関係 $A \subseteq B$ の定義

$$x \in A \Rightarrow x \in B$$

から，これらの性質 (1), (2), (3) を証明してみるとよいだろう．また，これらを条件の含意関係として表せば，それぞれ次のようになるのは見易いだろう：

(1) 任意の条件 $p(x)$ に対して，$p(x) \Rightarrow p(x)$ が成り立つ．
(2) もし $p(x) \Rightarrow q(x)$ かつ $q(x) \Rightarrow p(x)$ ならば，$p(x)$ と $q(x)$ は同値である．
(3) もし $p(x) \Rightarrow q(x)$ かつ $q(x) \Rightarrow r(x)$ ならば，$p(x) \Rightarrow r(x)$ である．

通常，古典論理学ではこの形で表された (3) を**三段論法（syllogism）**と言っている．

> **Q君の質問**　これらの性質は実数の大小関係 ≦ でも同様に成り立ちます．そこで，質問ですが，集合の包含関係 $\subseteq$ と実数の大小関係 ≦ とは全く同じ性質を持つのでしょうか？ つまり，大小関係 ≦ については成り立つ性質はすべてそのまま包含関係 $\subseteq$ についても成り立つというような……

—— なかなか，するどい質問だね．上記 (1), (2), (3) は順に**反射律，反対称律，推移律**といわれるもので，$\subseteq$ でも ≦ でも同様に成り立つものだ．しかし，実数の大小関係はこれら以外に

(4) **比較可能律**　任意の実数 a, b について

$$a \leq b \text{ または } b \leq a$$

の少なくとも一方が成り立つ．という性質を持つ．すなわち，任意の二つの実数 a, b は a が b より小さいか，等しいか，大きいかのいずれかだ．ところが，二つの集合 A と B は一方が他方の部分とは限らないのだ．たとえば，全集合

$$S = \{0, 1, 2, 3, 4, 5, 6, 7, 8, 9\}$$

の二つの部分集合

$$A = \{2, 3, 5, 7\}, \quad B = \{1, 3, 5, 7, 9\}$$

について，$A \subseteq B$ でもないし $B \subseteq A$ でもない．結局，大小関係 $\leq$ は**全順序**として実数全体を"線形"に並べるが，これに対して包含関係 $\subseteq$ は**半順序**でしかないのだ．これについては，また話す機会もあるだろう．

3. 集合の演算

集合の包含関係を表すヴェンの図式のようなものはデカルトやライプニッツの頃から使われていた．しかし，ここで注意しなければならないのは，ヴェンの図式が"外延"の包含関係だということである．古典論理学が内包の論理を考察するのに対して，集合論は外延の演算をする．

いま，不定元 x に関する二つの条件 $p(x)$ と $q(x)$ があったとしよう．論理学では，"$p(x)$ または $q(x)$"という条件を $p(x)$ と $q(x)$ の**選言**といい，

$$p(x) \vee q(x)$$

で表す．また，"$p(x)$ かつ $q(x)$"という条件を $p(x)$ と $q(x)$ の**連言**といい

$$p(x) \wedge q(x)$$

で表す．つまり，記号 $\vee$ は "or" に相当し，記号 $\wedge$ は "and" に相当するわけである．このように複合された条件に対し，外延は次のように対応している：

第1部 代数学の話

> 二つの集合
> $$A = \{x|p(x)\}, \quad B = \{x|q(x)\}$$
> に対して，内包と外延の関係
> **合併集合** $A \cup B = \{x|p(x) \lor q(x)\}$
> **共通部分** $A \cap B = \{x|p(x) \land q(x)\}$
> が成り立つ．

なお，記号 $\cup$ と $\cap$ はその形から，それぞれ，"cup"（コップ）と "cap"（帽子）と呼ばれることもある．また，二つの集合 A と B の "和" と "積" という言い方もある．

たとえば，全集合
$$S = \{0, 1, 2, 3, 4, 5, 6, 7, 8, 9\}$$
において，
$$A = \{x \in S | 0 \leqq x \leqq 4\} = \{0, 1, 2, 3, 4\},$$
$$B = \{x \in S | x \text{ は素数}\} = \{2, 3, 5, 7\},$$
とすれば，それらの合併集合と共通部分は，それぞれ
$$A \cup B = \{x \in S | x \text{ は } 0 \leqq x \leqq 4 \text{ または素数}\}$$
$$= \{0, 1, 2, 3, 4, 5, 7\}$$
$$A \cap B = \{x \in S | x \text{ は } 0 \leqq x \leqq 4 \text{ かつ素数}\}$$
$$= \{2, 3\}$$
となることが分かるだろう．

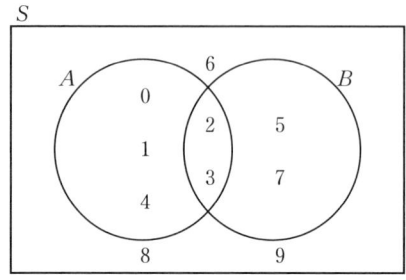

なお，条件 $p(x)$ の否定を
$$\overline{p(x)}$$
で表す．これは "not" に相当するが，その外延は
$$\text{補集合} \quad \overline{A} = \{x \in S \mid \overline{p(x)}\}$$
となり，これは全集合 S において A 以外の部分となる．このとき，A の如何にかかわらず，

> (1) $A \cup \overline{A} = S, \quad A \cap \overline{A} = \phi.$
> (2) $\overline{\overline{A}} = A$

が成り立つ．$\overline{\phi} = S$，$\overline{S} = \phi$ も確認しておこう．また，

> **ド・モルガンの法則**
> (1) $\overline{A \cup B} = \overline{A} \cap \overline{B}$
> (2) $\overline{A \cap B} = \overline{A} \cup \overline{B}$

も有名である．このド・モルガンの法則については，先ほどの例において，(1) や (2) の左辺が右辺と一致することを確かめておけば面白いだろう．

Q君の質問 合併集合 $A \cup B$，共通部分 $A \cap B$ をそれぞれ "和" および "積" とも呼ぶということですが，これは実際の和や積と何か関係があるのでしょうか？

—— その通り．通常の文字計算において，

可換律　$a + b = b + a, \quad ab = ba$

結合律　$(a+b)+c = a+(b+c)$

$$(ab)c = a(bc)$$
分配律　　$a(b+c) = ab+ac$

などが成り立つが，この和＋と積・をそれぞれ∪と∩に交換しても，全く同様の公式が成り立つのだ．

集合算の公式

可換律　　$A\cup B = B\cup A, \quad A\cap B = B\cap A$

結合律　　$(A\cup B)\cup C = A\cup(B\cup C)$
　　　　　　$(A\cap B)\cap C = A\cap(B\cap C)$

分配律　　$A\cap(B\cup C) = (A\cap B)\cup(A\cap C)$
　　　　　　$A\cup(B\cap C) = (A\cup B)\cap(A\cup C)$

ただし，全く同じというわけではない．最後の式
$$A\cup(B\cap C) = (A\cup B)\cap(A\cup C)$$
は文字計算では成立しない：
$$a+bc \neq (a+b)(a+c).$$
しかし，これらの詳細については，先刻の全順序・半順序についての話と共に，別の機会に議論しよう．というのは，集合算に深入りする前に，通常の文字計算において結合律や分配律がどのような役割を果たしているのかについて，もっと分析しておく必要があるからだ．

代数学の話

第3話　数学的帰納法について

1. 数学的帰納法の原理

　自然数全体 $1, 2, 3, \cdots$ は，数直線上にポツポツと離散しているが，規則正しく等間隔に並んでいる．自然数に関する定理や公式を証明するとき，自然数の持つこの特徴を生かしたものが，今回のテーマ"数学的帰納法"である．

　いま，自然数に関する一つの命題を証明したいとする．このとき，与えられた命題を成立させる自然数の集合を S とする．もし $S = N$（自然数全体の集合）ならば，この命題はすべての自然数に対して真であるし，またもし $S = \phi$（空集合）ならば，この命題は偽である．それでは，$S = N$ となるためには S はどのような条件を満たさなければならないだろうか．この条件を与えるのが次の原理である．

> **数学的帰納法の原理**
> 　自然数のある集合 S が，二つの条件：
> (1) $1 \in S$,
> (2) $k \in S$ ならば $k+1 \in S$.
> 　を満たすとする．このとき，

> $S = \mathbf{N}$（自然数全体の集合）
>
> となる．

　一般に，数学では，S がある集合 X の "部分集合" という場合，ことわりのない限り，
$$S = X\ （全集合），\quad S = \phi\ （空集合）$$
という両極端も排除しない．

　自然数全体の集合 $\mathbf{N}$ のある部分集合 S が与えられたとき，S が 1 を含むこと，したがって空ではないこと，そして，S がもし k を含めば必ず $k+1$ も含むこと，この 2 条件が満たされるならば，実は S は $\mathbf{N}$ に一致する．これが，上の原理の内容である．

例　3 個の連続した自然数の 3 乗の和は 9 で割り切れることを証明せよ．

証明　3 個の連続した自然数は
$$n,\ n+1,\ n+2$$
と表すことができるから，n に関する数学的帰納法によって，
$$f(n) = n^3 + (n+1)^3 + (n+2)^3$$
が 9 の倍数であることを示せばよい．

　まず，$n = 1$ のとき，
$$f(1) = 1^3 + 2^3 + 3^3 = 36 = 4 \times 9$$
であるから，これは確かに 9 で割り切れる．

　次に，$n = k$ のとき $f(k)$ が 9 で割り切れるものとすれば，
$$\begin{aligned}
f(k+1) &= (k+1)^3 + (k+2)^3 + (k+3)^3 \\
&= (k+1)^3 + (k+2)^3 + k^3 + 9k^2 + 27k + 27 \\
&= k^3 + (k+1)^3 + (k+2)^3 + 9(k^2 + 3k + 3) \\
&= f(k) + 9(k^2 + 3k + 3).
\end{aligned}$$

ここで，$f(k)$ は 9 で割り切れると仮定しているので，右辺は 9 で割り切れる．したがって，$f(k+1)$ も 9 で割り切れる．

以上によって，すべての自然数 n に対して $f(n)$ は 9 で割り切れる．（了）

こうして，自然数に関する定理や公式を証明するとき，"数学的帰納法の原理" は次の形式をとることが分かった．

数学的帰納法の第 1 形式

自然数 n に関する命題 $P(n)$ が，二つの条件：
(1) $P(1)$ は成り立つ，
(2) $P(k)$ が成り立つならば $P(k+1)$ も成り立つ，を満たすとする．
このとき，すべての自然数 n に対して $P(n)$ は成り立つ．

数学的帰納法はしばしば "ドミノ倒し"（将棋倒し）で説明される．すなわち，一方の端から他方の端へ並べて立てられた将棋の駒がすべて倒れるためには，
(1) まず最初の駒が倒れること，
(2) もし k 番目の駒が倒れるならば必ず $k+1$ 番目の駒も倒れること，
の 2 条件が保証されればよいのである．もっとも，将棋倒しの場合は "最終の駒" があり，番号 n はその範囲で考えれば十分であるが——．

論理的にいえば，数学帰納法は "3 段論法" の拡張である．3 段論法は，よく知られているように，

　　　　（大前提）A ならば B である．
　　　　（小前提）B ならば C である．
　　　　（結　論）A ならば C である．

の形式を持っている．通常，"推論" は

　　　　A ならば B である．
　　　　A である．
　　　　したがって，B である．

の形式をとるから，3段論法において，確かに A であることが示されれば，C であることが結論づけられるのである．そこで，数学的帰納法は，3段論法による推論が何回も繰り返して用いられていることが分かる．すなわち，

$P(1)$ ならば $P(2)$ である．
$P(2)$ ならば $P(3)$ である．
……………………………
$P(k)$ ならば $P(k+1)$ である．
……………………………
しかるに，$P(1)$ である．

これらの前提より，すべての $n = 1, 2, 3, \cdots$ に対して $P(n)$ が成り立つことを結論づけているわけである．このように，自然数に関する命題の証明について持つ数学的帰納法の威力の秘密は，

"$P(k)$ ならば $P(k+1)$ である"

という簡単な条件の中に3段論法の無限回の推論が集約されていることにある．

なお，数学的帰納法は，しばしば次の形式でも用いられる．これが第1形式と同値であることは容易に分かることだろう．

数学的帰納法の第2形式

自然数に関する命題 $P(n)$ が，二つの条件：
(1) $P(1)$ は成り立つ，
(2) $n = 1, 2, \cdots, k$ のとき $P(n)$ が成り立つならば $n = k+1$ のときも $P(n)$ が成り立つ，

を満たすとする．このとき，すべての自然数 n に対して $P(n)$ は成り立つ．

(**例**) 数列 $\{a_n\}$ が，$a_1 = 2$ であり，かつ

第 3 話　数学的帰納法について

$$a_n = 2n^2 + \frac{1}{n}\sum_{j=1}^{n-1} a_j \quad (n=2,3,4,\cdots)$$

を満たすとする．このとき，すべての自然数 n に対して

$$a_n < 3n^2$$

が成り立つことを証明せよ．

証明　これを n に関する数学的帰納法の第 2 形式で証明してみよう．まず，$n=1$ のときは，与えられた不等式は

$$\text{左辺} = a_1 = 2, \quad \text{右辺} = 3$$

であるから，確かに成り立つ．そこで，もし

$$a_n < 3n^2 \qquad \cdots\cdots\cdots ①$$

が $n=1, 2, \cdots, k$ のとき成り立つものとすれば，

$$a_j < 3j^2 \quad (j=1, 2, \cdots, k)$$

であるから，辺々を加えて

$$\sum_{j=1}^{k} a_j < 3\sum_{j=1}^{k} j^2 = \frac{1}{2}k(k+1)(2k+1).$$

したがって，$k \geqq 1$ のとき，

$$\frac{1}{k+1}\sum_{j=1}^{k} a_j < \frac{1}{2}k(2k+1) = k\left(k+\frac{1}{2}\right) < (k+1)^2.$$

$$\therefore \quad \frac{1}{k+1}\sum_{j=1}^{k} a_j < (k+1)^2 \qquad \cdots\cdots\cdots ②$$

ところが，題意より $n=k+1$ のとき

$$a_{k+1} = 2(k+1)^2 + \frac{1}{k+1}\sum_{j=1}^{k} a_j$$

であるから，これに②を用いて

$$a_{k+1} < 2(k+1)^2 + (k+1)^2 = 3(k+1)^2.$$

$$\therefore \quad a_{k+1} < 3(k+1)^2$$

これは $n=k+1$ のときも①が成り立つことを示している．したがって，①はすべての自然数 n に対して成り立つ．　　　　　　　　　　（了）

2. 数学的帰納法の変型

整数 n に関する命題 $P(n)$ を，自然数（正の整数）に対してではなく，ある整数 m（正，負または 0 でもよい）以上の n に対して証明したいことがある．この場合は，次の形式に従えばよい．

数学的帰納法の変型（その 1）

整数 n に関する命題 $P(n)$ が，二つの条件：
(1) ある一つの整数 m について $P(m)$ が成り立つ，
(2) $P(k)$ が成り立つならば $P(k+1)$ も成り立つ，

を満たすとする．このとき，m 以上のすべての整数 n に対して $P(n)$ は成り立つ．

たとえば，$m=-2$ について上記 (1), (2) が満たされるならば，この命題 $P(n)$ は

$$n = -2,\ -1,\ 0,\ 1,\ 2,\ 3,\ \cdots$$

に対して成り立つわけである．このような使い方の最も多い例は，自然数に 0 を追加して，命題 $P(n)$ を

$$n = 0,\ 1,\ 2,\ \cdots$$

に対して証明しようとするものである．もちろん，このときは，$P(0)$ が成り立つことを前もって示しておけばよい．しかし，いずれにせよ，この変型は n が正の方向に延びているだけで下限 m があることに注意しなければならない．

これに対して，次の形式に従えば，0 および正負の整数すべてに対して命題 $P(n)$ が証明できる．

数学的帰納法の変型（その 2）

整数 n に関する命題 $P(n)$ が，二つの条件：

(1) $P(0)$ は成り立つ,
(2) $P(k)$ が成り立つならば $P(k\pm 1)$ も成り立つ（複号注意！）,

を満たすとする．このとき，すべての整数 n に対して $P(n)$ は成り立つ．

あるいは，整数 n に関する命題 $P(n)$ を，まず n が 0 および正の整数の場合に通常の数学的帰納法で証明しておいて，負の整数 $-n$（n は正の整数）の場合を別途に証明しておいてもよいだろう．なお，テキストまたは学派によっては "自然数" という用語を $0, 1, 2, \cdots$ に対して用いることもあるが，本講では自然数に 0 は含めないことにする．

（例） 任意の整数 n に対して，$i^2 = -1$ のとき，
$$(\cos\theta + i\sin\theta)^n = \cos n\theta + i\sin n\theta$$
が成り立つ．（**ド・モアブルの定理**）

証明 まず，$n = 0$ のとき，左辺＝右辺＝1 となり，公式は成り立つ．次に，公式がある負でない整数 k に対して成り立つものとすれば，
$$\begin{aligned}
&(\cos\theta + i\sin\theta)^{k+1} \\
&= (\cos\theta + i\sin\theta)^k (\cos\theta + i\sin\theta) \\
&= (\cos k\theta + i\sin k\theta)^k (\cos\theta + i\sin\theta) \\
&= \cos k\theta \cos\theta - \sin k\theta \sin\theta + i(\cos k\theta \sin\theta + \sin k\theta \cos\theta) \\
&= \cos(k+1)\theta + i\sin(k+1)\theta.
\end{aligned}$$
これは公式が $k+1$ に対しても成り立つことを示している．したがって，この公式は負でないすべての整数 n に対して成り立つ．

次に，任意の負の整数 $-n$（$n > 0$）に対して，
$$(\cos\theta + i\sin\theta)^{-1} = \cos\theta - i\sin\theta$$
に注意して，前半の結果を用いれば，

$$(\cos\theta + i\sin\theta)^{-n}$$
$$= (\cos\theta - i\sin\theta)^n$$
$$= \{\cos(-\theta) + i\sin(-\theta)\}^n$$
$$= \cos n(-\theta) + i\sin n(-\theta)$$
$$= \cos(-n)\theta + i\sin(-n)\theta.$$

したがって，公式は負の整数 $-n\ (n>0)$ に対しても成り立つ． (了)

3. 自然数の整列性

冒頭に書いたように，自然数の全体 $1, 2, 3, \cdots$ は数直線上にボツボツと離散的に並んでいるが，この自然数の中から任意に有限個または無限個の元を選んで集合 A を作ると，A には必ず最小数 m が存在する．これは，自然数の集合の著しい特徴である．有理数や実数の集合はこのような性質を持っていない．たとえば，
$$A = \{x \mid x \text{ は実数で，} 0 < x < 1\}$$
とおけば，これは開区間 $(0, 1)$ になり，最小数を持たない（下限は 0，上限は 1 である）．どのように小さい正数をとっても，それよりさらに小さい正数が存在するからである．

> **自然数の整列性**
> 自然数の，空でない任意の集合 A には**最小数**が存在する．

ところが，驚くべきことに，"数学的帰納法の原理" とこの "自然数の整列性" は同値なのである．すなわち，これら両者の一方から他方が証明できるのである．

> 数学的帰納法の原理 $\Longleftrightarrow$ 自然数の整列性

以下，このことを証明してみよう．

いま，"数学的帰納法の原理"が成立しているとする．N の空ではない部分集合 A が与えられたとき，A に最小数が存在することを示そう．そこで，A のすべての元 a に対して，$x \leq a$ を満たすような自然数 x の集合，すなわち，A の"下界"を S とする．まず，明らかに $1 \in S$ である．さて，ある自然数 m に対して，$m \in S$ ではあるが $m+1 \notin S$ である．なぜなら，もしすべての自然数 k に対して"$k \in S$ ならば $k+1 \in S$"であるとすれば，数学的帰納法の原理から $S = N$ となり，A が空ではないという仮定に矛盾するからである．このとき，$m \in A$ である．なぜなら，もしそうでないとすれば，すべての $a \in A$ に対して $m < a$，すなわち，$m+1 \leq a$ となり，$m+1 \in S$ となって $m+1 \notin S$ に矛盾するからである．こうして，すべての $a \in A$ に対して $m \leq a$ となり，m は A の最小数となる．したがって，A は最小数を含む．

逆に，数学的帰納法の条件 (1), (2) を満たす自然数の集合 S が与えられたとき，"自然数の整列性"が成り立つと仮定して，$S = N$ なることを示そう．N における S の補集合（S に含まれない自然数の全体）を A とする．もし，A が空でないならば，自然数の整列性より，A は最小数 m を含んでいる．$1 \in S$ より，$m \neq 1$．すると，$m-1 \in S$ となり，帰納法の条件より $m \in S$ となる．これは $m \in A$ に矛盾する．したがって，$A = \phi$．よって，$S = N$ でなければならない． (了)

この"自然数の整列性"は，数学，特に代数学の至る処に暗々裡に用いられている．たとえば，二つの自然数 a, b に共通な倍数の中で正で最小なものを a と b の"最小公倍数"という．この存在は何によって保証されるか？自然数の整列性によってである．複素数 α を根とする多項式 $f(x)$ の中で，最高次の係数が 1 の既約多項式で，次数が最小のものを α の"最小多項式"という．この存在は何によって保証されるか？自然数の整列性によってである，等々．いいかえれば，"数学的帰納法の原理"は代数学の一つの基本原理であり，"自然数の整列性"はその別の表現なのである．

4. 回帰の思想

"数学的帰納法の原理"を発見したのは箴言集『パンセ』(瞑想録)で有名な哲学者**パスカル**である．彼は"算術3角形"の理論に関連して，1654年頃に数学的帰納法を初めて自覚的に使用した．これについてはフェルマーの"無限下降法"との比較など数学史的興味もあるが，ここでは，数学的帰納法がパスカルの実存的思想に無関係ではなかったことを指摘しておきたい．

パスカルは『パンセ』の中で次のように書いている：

「自然は常に同じことを繰り返す．年，日，時間など，空間も同じである．また，数は互いに端と端とがつながりあって続いている．かくして一種の無限と永遠が生じる．しかし，すべてそれらのものに，何らかの無限なもの永遠なものが，あるというわけではない．限定されたそれらの存在が，無限に多くなっていくのである．したがって，それらを多くしていく数だけが，無限であるように私には思われる．」(パンセ121)

「自然は"往と還と"という進み方で動く．自然は往き，また還る．ついでさらに遠くに往き，また2倍だけ還り，それからさらに遠くへ往く．海の潮汐もそういうふうに行われ，太陽もそのように運行するように見える．」(パンセ355)

これらの言葉は数学的帰納法の持つ回帰的特質を踏まえて始めて理解しうるように思われる．パスカルは数学的帰納法を"出直し法"(récurrence)と呼んだ．これらの思想の中には，有限な人間が出直しながら一歩ずつ"無限なもの"に接近していく螺旋運動が感じられるのである．

代数学の話

第4話　代数的構造について

1. 集合と構造

　数学において，明確に限定された対象を一まとめにしたものを"集合"という．これについては第2話で詳しく述べた．そのとき，無限集合の典型的な例として，
$$N = \{1, 2, 3, \cdots\} \text{（自然数全体の集合）}$$
を引き合いに出した．代数学に限らず，数学の各分野でよく現れる集合には次のようなものがある．これらは本講でもこれからしばしば用いることになるので，ここでまとめておこう．

> **よく使われる集合**
> $N = \{1, 2, 3, \cdots\}$（自然数の全体）
> $Z = \{\cdots, -2, -1, 0, 1, 2, 3, \cdots\}$　（整数の全体）
> $Q = \left\{\dfrac{p}{q} \,\middle|\, 既約分数\right\}$（有理数の全体）
> $R = \{x \,|\, -\infty < x < \infty\}$（実数の全体）
> $C = \{x+iy \,|\, x \text{ と } y \text{ は実数 } (i^2 = -1)\}$　（複素数の全体）

これらは一般の集合と区別するために大文字ゴシック体で記す慣例である．これらは

$$N \subset Z \subset Q \subset R \subset C$$

という"拡大系列"をなしている．すなわち，たとえば，整数 p は $\frac{p}{1}$ という有理数（既約分数）の特別な場合であるし，実数 x は $x+i0$ という複素数の特別な場合である．

N はもちろん "natural number"（自然数）の頭文字であるが，Z はドイツ語 "Zahl"（数）に由来している．これは，英語 "integer"（整数）の頭文字 I が単位行列や恒等写像など他の記号に多用されているので，混乱を避ける意図もある．序でに言えば，Q は "quotient"（商）に由来している．というのは，"rational number"（有理数）の頭文字 R が次の R，すなわち，"real number"（実数）の頭文字と混乱を招くからである．もっとも，R の一つ手前だから Q だろうという説もあるが…．C はもちろん "complex number"（複素数）の頭文字である．

さて，本来，集合とはものの単なる"集まり"のことであった．その要素間の関係や集合全体の構造を議論するためには，その関係や構造を規定する公理や定義などが別途に必要である．例えば，自然数全体の集合 N の元（要素）を $1, 2, 3, \cdots$ と並べるためには順序や大小の公理が必要である．試しに，小学校の新入児童に大きな 2 や小さな 5 などの入り混じって書いてあるカードを見せて，「どれが一番大きいですか？」と質問してみれば，きっと

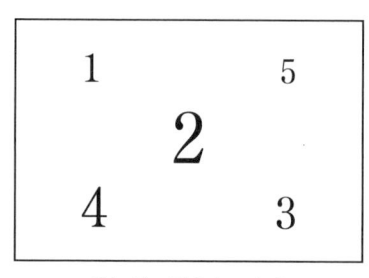

どれが一番大きいか？

"2"という答えも"5"という答えも入り混じるに違いない．——これは，質問者の大小の定義が解答者に徹底していないからである．このとき，大小の定義が何であれ，このカードが集合 {1, 2, 3, 4, 5} を表していることは同じである．そして，さらに和や積を求めることとなれば，2数の和や積があらかじめ明確に定義されていなければならないだろう．

こうして，我々は，議論の基礎となる集合にいくつかの公理や定義などを付け加えた"数学的構造"の概念に到達する．このとき，とくに代数学に必要な四則演算などの公理や定義を用いれば，**代数的構造**を備えたシステム，いわゆる**代数系**が得られる．標語的に書けば，

$$\boxed{\text{集合} + \text{代数的構造} = \text{代数系}}$$

ということになる．したがって，基礎となる集合が同じであっても，異なる公理を用いれば異なる構造が得られるわけである．

四則演算とは加法，減法，乗法，除法のことである．足し算，引き算，掛け算，割り算といった方が分かり易いかもしれない．集合 S は，その集合の範囲内で四則演算を自由に行うことができるとき，**体**("たい"と読む)と呼ばれる．すなわち，

$$(\text{基礎になる集合}) + (\text{四則演算の公理}) = (\text{体})$$

というわけである．"自由に"と言っても，除法において 0 で割る必要はない．

たとえば，2つの有理数は足しても引いても掛けても割ってもやはり有理数だから，有理数全体の集合 Q は体である．したがって，Q は単なる集合ではなく，**有理数体**と呼ぶのがよい．R や C も同様に体の構造を持つ．

これに対し，自然数全体の集合 N は加法，乗法はともかく，

$$3 - 5 = -2, \quad 3 \div 5 = \frac{3}{5}$$

などがもはや自然数ではないから体ではない．また，整数全体の集合 Z は除法を除く三則(加法，減法，乗法)のできる構造として**整数環**と呼ばれる．

第 1 部　代数学の話

> Z … 整数環
> Q … 有理数体
> R … 実数体
> C … 複素数体

　ここでの目標は体や環の一般論を展開することではないから，話がやや大雑把になったが，"代数的構造"とは何かを把握していただければ十分である．

Q君の質問　四則演算の定義といっても，足すとか引くということは常識的に分かっていることだから，この場合，"その集合の範囲内で"ということが一層重要なのでしょうね？

　──確かにそうだが，体の一般論としては四則演算の定義も必ずしも自明ではないのだ．まず，基礎になる集合が有理数や実数のような普通の意味の"数"とは限らないし，さらに，演算も通常のものである必要はない．たとえば，

$$S = \{0,\ 2,\ 4,\ 6,\ 8\} \quad (\bmod\ 10)$$

を考察してみよう．これは，mod 10 の計算（10 の倍数は 0 とみなす）で乗法の単位元 6 を備えた立派な体なのだ．和，差，積が計算できるだけでなく，2, 4, 6, 8 の逆元もそれぞれ 8, 4, 6, 2 と揃っている．つまり，商も計算できる．そこで，Q, R, C のように，複素数体 C の部分集合で通常の数の四則演算に関して体の構造を持つものを，とくに"数体"と呼んで一般の体と区別している．

Q君の質問　Q, R, C 以外にも"数体"がありますか？

——もちろん，無数に存在する．たとえば，
$$S = \{x+y\sqrt{2} \mid x \text{ と } y \text{ は有理数}\}$$
は数体の一例である．$\sqrt{2}$ の処は $\sqrt{3}, \sqrt{5}, \cdots$ でも同じことだ．この形をした二つの数の和，差，積，商はやはりこの形で表すことができる：
$$(x+y\sqrt{2})(x'+y'\sqrt{2})$$
$$= xx' + 2yy' + (xy' + yx')\sqrt{2},$$
$$\frac{1}{x+y\sqrt{2}} = \frac{x}{x^2-2y^2} - \frac{y}{x^2-2y^2}\sqrt{2},$$
など．

> 複素数体 C の部分体を**数体**という．数体は無数に存在するが，その中で有理数体 Q は最小のものであり，複素数体 C は最大のものである．

　このことを証明してみよう．数体が無数に存在することは既に述べたから，任意の数体 S が与えられたとき，
$$Q \subseteq S \subseteq C$$
となることを示せばよい．この包含関係において，$S \subseteq C$ は定義から明らかだから，$Q \subseteq S$ となることを示せばよい．さて，S は数体だから，少なくとも二つの元，すなわち零元 0 と単位元 1 を含んでいる．ところが，S が単位元 1 を持てば，S は加法について閉じているから，その任意個の和
$$1, \quad 1+1 = 2, \quad 2+1 = 3, \quad \cdots\cdots$$
も持たねばならず，結局，0 および正の整数 m をすべて持つことになる．すると，減法 $0 - m = -m$ により，負の整数もすべて持つことになる．こうして，まず S は正負にかかわらず任意の整数を元として含むはずである．ところが，S が二つの整数 $m, n \neq 0$ を含めば，その商 m/n も含まねばならないから，結局，S は有理数の全体を含むことになるわけである．　（了）

2. 演算の構造

上記の証明の中で,「集合 S は加法について閉じている」という表現を用いた. これについて, もっと詳しく説明してみたい.

いま, 空でない集合 S があり, その任意の二つの元 x, y ("任意"というときは $x = y$ の場合も含める) について, 加法＋や乗法・のような演算＊ (asterisk) が定義されているとしよう. すなわち, x と y から決まる元

$$x * y = z$$

が S のなかで一意的 (唯一通り) に求められるとするのである. このとき, S は**2元演算**＊に関して"閉じている"というのである.

"環"は加法, 減法, 乗法に関して閉じた体系であり, "体"はさらに除法についても (0 で割ることを除けば) 閉じた体系である.

S が演算＊に関して閉じているとき, S は演算＊に関して**閉鎖律**を満たすともいい, また, S は演算に関して**亜群** (groupoid) をなすともいう.

例 集合 $S = \{0, 1, 2, 3, 4\}$ は

演算 $x * y = |x - y|$

に関して閉じている. したがって, S はこの演算に関して"亜群"の構造を持つ. 次表は亜群 S の演算表である:

	0	1	2	3	4
0	0	1	2	3	4
1	1	0	1	2	3
2	2	1	0	1	2
3	3	2	1	0	1
4	4	3	2	1	0

集合 S が演算に関して閉じており, さらにこの演算が**結合律**を満たすとき, S はこの演算＊に関して**半群** (semi-group) をなすという. S が"結合

律"を満たすとは，S の任意の三つの元 x, y, z について，等式
$$(x*y)*z = x*(y*z)$$
が成り立つことをいう．上記の例では，演算 $x*y = |x-y|$ は結合律を満たさないから，集合 S は亜群ではあるが半群ではない．

例 集合 $S = \{0, 1, 2, 3, 4\}$ は
$$\text{演算}\quad x*y = \max\{x, y\} \quad (x \text{ と } y \text{ の最大値})$$
に関して"半群"になる．なぜなら，この演算は閉鎖律だけではなく，結合律
$$(x*y)*z = x*(y*z) = \max\{x, y, z\}$$
も満たすからである．半群 S の演算表も作ってみよう：

	0	1	2	3	4
0	0	1	2	3	4
1	1	1	2	3	4
2	2	2	2	3	4
3	3	3	3	3	4
4	4	4	4	4	4

半群 S の一定の元 e が S の任意の元 x に対して等式
$$e*x = x*e = x$$
を満たすとき，元 e を**単位元**という．この e はドイツ語 "Einheit"（単位）の頭文字であり，自然対数の底 e とは何の関係もない．しかし，どの半群 S にも単位元が存在するわけではない．単位元を持つような半群 S を**モノイド**（monoid）という．これは"単位的半群"という意味である．上の例では，演算 $x*y = \max\{x, y\}$ について，0 がちょうど単位元になっている．したがって，この S は単位元を持つ半群，つまり"モノイド"である．

Q君の質問 半群ではあるがモノイドではないような例はありますか？

第1部 代数学の話

——もちろん，たくさんある．例えば，上記の集合 $S = \{0, 1, 2, 3, 4\}$ で，演算を

$$x * y = y$$

とすれば，S はこの演算に関して半群にはなるが，もはやモノイドにはならない．閉鎖律と結合律は満たすが，単位元 e に相当する元がないからである．

	0	1	2	3	4
0	0	1	2	3	4
1	0	1	2	3	4
2	0	1	2	3	4
3	0	1	2	3	4
4	0	1	2	3	4

Q君の質問 元 0 が単位元とは言えませんか？ $e = 0$ とおけば，S の任意の元 x に対して，条件 $e * x = x$ を満たしていますが…．いや，待てよ，$0, 1, 2, 3, 4$ のどの元を e としても，この条件が成り立つ?!

——ある元 e が単位元である条件は，詳しく言えば，二つの式

$$\begin{cases} e * x = x \ (\textbf{左単位元の条件}) & \cdots\cdots ① \\ x * e = x \ (\textbf{右単位元の条件}) & \cdots\cdots ② \end{cases}$$

から成立しているのだ．演算 $*$ は

可換律 $\quad x * y = y * x$

を満たすとは限らないので，仮に①と②の一方を満たす元 e が存在するとしても他方が成り立つとは限らないのだ．ことわりなく"単位元"と言えば，左かつ右の単位元，すなわち，**両側単位元**のことを意味しており，①と②を共に満たさなければならない．したがって，この演算 $x * y = y$ では $0, 1, 2, 3, 4$ のすべてが左単位元ではあるが，同時に右単位元になっている元

は一つもないのだ．これについては次のようにまとめられる：

> 半群 S が左単位元 e と右単位元 f を共に持てば，$e=f$（両側単位元）となり，S はモノイドになる．モノイドにおいて，単位元 e は唯一つだけ存在する．

なぜなら，半群 S が左単位元 e と右単位元 f を共に持つとすれば，
$$e*f = f \quad (\because \ e \text{ は左単位元})$$
$$= e \quad (\because \ f \text{ は右単位元})$$
が成り立ち，したがって $e=f$ となるからである．また，e と e' が共に S の単位元であるとすれば，同様にして，
$$e*e' = e' \quad (\because \ e \text{ は単位元})$$
$$= e \quad (\because \ e' \text{ は単位元})$$
が成り立ち，$e = e'$ になってしまう．すなわち，半群 S は左または右単位元はいくつも持つ可能性はあるが，(両側) 単位元はもし存在するとしても一意的に決まってしまうのだ．

3. 群の公理

集合 G が演算 $*$ に関して単位元 e を持つ半群，すなわち，モノイドになっているとしよう．G の元 x に対して，
$$x'*x = x*x' = e$$
を満たす元 x' が存在するとき，x' を x の**逆元**であるという．モノイド S において，すべての元 x が逆元 x' を持つわけではないので，逆元を持つ元は**正則**であるということにしよう．すべての元が正則であるようなモノイドは**群** (group) と呼ばれる．

ここで，群の公理を整理しておこう．

> 空でない集合 G に 2 元演算 $*$ が定義されており，次の 4 条件を満たすとき，G はこの演算 $*$ に関して**群**をなすという．
> (1) **閉鎖律**：G は演算 $*$ に関して閉じている．
> (2) **結合律**：$(x*y)*z = x*(y*z)$．
> (3) **単位元 e の存在**：$e*x = x*e = x$．
> (4) **逆元 x' の存在**：$x'*x = x*x' = e$．
> ［代数系の諸段階］
> $$\text{群} \Rightarrow \text{モノイド} \Rightarrow \text{半群} \Rightarrow \text{亜群}$$

注意 "$A \Rightarrow B$" は "A ならば B" と読む．条件の付加を矢印→で示すならば，上記の流れは逆になり，

$$\text{集合} \to \text{亜群} \to \text{半群} \to \text{モノイド} \to \text{群}$$

となる．

なお，体や環は二つの 2 元演算を同時に持つ代数系であり，上記の代数系の諸段階とは区別される．

例 たとえば，前出の集合 $S = \{0, 1, 2, 3, 4\}$ は

$$\text{演算}\quad x*y = x+y \quad (\bmod 5)$$

に関して群をなす．これは x と y の和において，5 の倍数は 0 とみなす mod 5 の計算で，たとえば，

$$3+4 = 7 \equiv 2 \quad (\bmod 5)$$

より，$3*4 = 2$ とするものである．演算表は次の通りである．

	0	1	2	3	4
0	0	1	2	3	4
1	1	2	3	4	0
2	2	3	4	0	1
3	3	4	0	1	2
4	4	0	1	2	3

この群の単位元は 0 であり，0, 1, 2, 3, 4 の逆元はそれぞれ 0, 4, 3, 2, 1 である．

　群は代数系の諸段階の中でも最も重要なものであり，大きな分野をなしているものなので，これについてはまた機会を改めて考察することにしよう．

代数学の話

第5話 結合律とカタラン数

1. カタラン数

　前回，基礎になる集合 S にいろいろな代数的構造を導入してできる"代数系"を考察した．それによると，集合 S が二つの条件

(1) **閉鎖律**：集合 S の範囲内で 2 元演算
$$x*y=z$$
の計算が一意的にできる．すなわち，S は演算 $*$ に関して閉じている．

(2) **結合律**：上記の 2 元演算 $*$ において，S の任意の 3 つの元 x, y, z に対して，等式
$$(x*y)*z = x*(y*z)$$
が成り立つ．

を満足するとき，S はこの演算に関して"**半群**"をなすと言った．このとき，もし演算 $*$ が条件 (1) を満たすが条件 (2) を満たさなければ，S は演算に関して"**亜群**"をなすというのであった．

　さて，今回はこの"結合律"について詳しく考察してみよう．集合 S が演算 $*$ について閉じているからといって，その演算 $*$ が"結合律"を満たしているとは限らないのである．

例 $S = \{0, 1, 2, 3, 4\}$ のとき，2元演算を
$$x * y = |x - y|$$
とすれば，この演算 $*$ は閉鎖律を満たすが結合律を満たさない．したがって，S はこの演算 $*$ に関して亜群ではあるが半群ではない．

例 S を自然数全体の集合 N とし，2元演算を
$$x * y = x^y$$
とすれば，この値は確かに自然数である．
しかし，
$$(x * y) * z = (x^y)^z = x^{yz}, \quad x * (y * z) = x^{(y^z)}.$$
この二つは等しくない．したがって N はこの演算 $*$ に関して亜群をなすが半群にはならない．

例 S を有理数全体の集合 Q とし，2元演算を
$$x * y = \frac{x + y}{2}$$
とすれば，この演算 $*$ は閉鎖律を満たすが結合律を満たさない．
$$x * y = 2x + y$$
なども同様である．したがって，Q はこれらの演算に関して亜群をなすが半群にはならない．

いま，亜群 S の2元演算が，いちいち星印 $*$ を書く煩わしさを除くために，普通の乗法 $x * y = xy$ で与えられているものとしよう．しかし，結合律は仮定されていないので，たとえば，二つの積
$$(ab)[\{c(de)\}f], \quad [\{(ab)c\}d](ef)$$
は一致するとは限らない．結合律を仮定してこそ，これらの積は，因子の順序を変えなければ，括弧の付け方に関係なく一致し，簡潔に $abcdef$ と略記できるわけである．

亜群 S においては，二つの元 a, b の積 ab に対しては閉鎖律よりその解

釈の仕方は一意的（唯一通り）であるが，三つの元 a, b, c の積 abc には，たとえ因子の順序が同じでも，
$$(ab)c, \quad a(bc)$$
の2通りの括弧の付け方がある．さらに4個の元の積 $abcd$ には，この順で，
$$a\{(bc)d\}, \quad a\{b(cd)\}, \quad (ab)(cd), \quad \{a(bc)\}d, \quad \{(ab)c\}d$$
と5通りの括弧の付け方があり，一般にはこれらの値がすべて異なってくるわけである．

組合せ論では，一般に，$n+1$ 個の元の積
$$a_0\, a_1\, a_2 \cdots a_n$$
において，因子の順序を変えない括弧の付け方の個数 $c(n)$ を**カタラン数**という．我々は既に
$$c(0) = c(1) = 1, \quad c(2) = 2, \quad c(3) = 5$$
を調べたので，次に $c(4)$ の値を出してみよう．そこで，積
$$a_0\, a_1\, a_2\, a_3\, a_4$$
の括弧の付け方を考えてみる．この積を，まず二つの部分に分けるには次の4通りの場合がある：
$$a_0\,(a_1\, a_2\, a_3\, a_4), \quad (a_0\, a_1)(a_2\, a_3\, a_4),$$
$$(a_0\, a_1\, a_2)(a_3\, a_4), \quad (a_0\, a_1\, a_2\, a_3)a_4.$$
これらの各々がさらに括弧で細分されるのであるから，第1の場合からは $c(0)c(3)$ 通り，第2の場合から $c(1)c(2)$ は通り…の括弧の付け方が生じ，結局，全部で
$$c(4) = c(0)c(3) + c(1)c(2) + c(2)c(1) + c(3)c(0)$$
$$= 1 \cdot 5 + 1 \cdot 2 + 2 \cdot 1 + 5 \cdot 1 = 14$$
通りとなる．

この考え方は正の整数 n のすべてに対しても適用できるので，カタラン数 $c(n)$ に関する次の漸化式が得られる．ただし，$c(0) = 1$ と規約する．

$$c(n+1) = \sum_{r=0}^{n} c(r)c(n-r)$$
$$= c(0)c(n) + c(1)c(n-1) + \cdots + c(n)c(0).$$

当然,予想されるように,この値は n が増加するに応じて急激に増加していく.

n	0	1	2	3	4	5	6	7	⋯
$c(n)$	1	1	2	5	14	42	132	429	⋯

そして,$c(29)$ では 10^{15} を越える.このように多くの値が結合律の仮定のもとにすべて一致するのであるから,2 元演算における結合律の重要性が納得できるだろう.

カタラン数 $c(n)$ における n は,$n+1$ 個の元の積

$$a_0 \, a_1 \, a_2 \cdots a_n$$

において,2 元演算 $x*y = xy$ が何回用いられているかという"演算回数"を表している.たとえば,

$$ab \quad \cdots\cdots\cdots\cdots \; 1\text{ 回}$$
$$(ab)c \quad \cdots\cdots\cdots \; 2\text{ 回}$$
$$\{(ab)c\}d \quad \cdots\cdots \; 3\text{ 回}$$

などである.従って,因子が $n+1$ 個の積には 2 元演算が n 回必要である.このように,因子の順序を変えない同じ n 回の演算による積でも,亜群では括弧の付け方によって $c(n)$ 通りの異なる式が得られるのである.

カタラン数 $c(n)$ には n に関する次の直接的な公式がある:

カタラン数の公式

$$c(n) = \frac{1}{n+1}\binom{2n}{n} = \frac{(2n)!}{(n+1)!\,n!} \quad (n \geq 0)$$

ここで，2項係数
$$\binom{n}{r} = \frac{n!}{(n-r)!\,r!} \quad (r = 0, 1, \cdots, n)$$
は通常 $_nC_r$ と書かれるものであるが，ここではカタラン数 $c(n)$ と混乱するので上記の記号を用いる．

この公式の証明は"母関数"の概念を用いるのが簡明であるが，我々の結合律についてのテーマから離れるので割愛する．

カタラン数については「理系への数学」誌上でも既に石谷茂氏や山下純一氏が取り上げておられるので読まれた方も多いと思うが，参考書では
  山本幸一著『順列・組合せと確率』，岩波書店
が詳しく，かつ，分かり易く書かれているので，ここで推薦しておきたい．

2. オイラーの問題

カタラン数 $c(n)$ の発見には次のようなエピソードがある．1751 年初秋，古くからの文通仲間ゴールドバッハに宛てた手紙の中で，オイラーは次の問題提起をした：

「先日，少なからず興味を引く問題を考えついた．それは，与えられた多角形を対角線により 3 角形に分割する仕方は幾通りかということである．」

すなわち，与えられた凸多角形（便宜上 $n+2$ 角形とする）を互いに交わらない $n-1$ 本の対角線によって n 個の 3 角形に分割する仕方は幾通りあるか，ということである．

たとえば，4 角形 $(n=2)$ に対しては次の 2 通りの仕方がある：

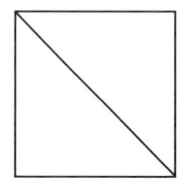

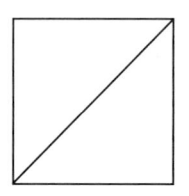

第5話　結合律とカタラン数

　それでは5角形 ($n = 3$) に対してはこのような分割の仕方は幾通りあるだろうか？

　ものごとの場合分けをして，それが幾通りあるかを数え上げることは，人間の最も原始的な，またそれだけに最も重要な科学的行為であろう．このような問題を考えるには，一貫した原則を立てて，漏れなく重複なく規則正しく枚挙する態度が必要である．

　そこで，5角形の対角線による3角形への分割を考えるに当たって，次のような原則を立ててみよう．与えられた5角形の一つの辺 b を底辺 (base) として固定し，他の辺は左から順に a_0, a_1, a_2, a_3 とする．もし，これらの辺をベクトルと考えれば，等式

$$\vec{a_0} + \vec{a_1} + \vec{a_2} + \vec{a_3} = \vec{b}$$

が成り立つ．このとき，二つの辺の合成は一つの対角線になる．例えば，図は

$$\{(\vec{a_0} + \vec{a_1} + \vec{a_2})\} + \vec{a_3} = \vec{b}$$

を表す：

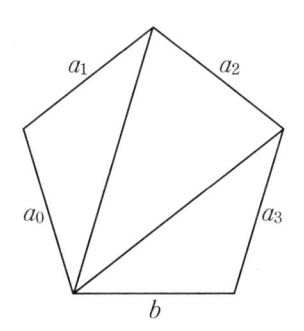

　このようなベクトルの合成の仕方を簡単のために

$$\{(a_0 a_1) a_2\} a_3$$

と略記することにすれば，5角形の対角線による3角形への分割の仕方は前項で調べた積 a_0, a_1, a_2, a_3 の括弧の付け方に完全に対応し，結局，

47

$c(3)=5$ 通りあることが分かる．次図はこの図解であり，順に，

① $a_0\{(a_1\,a_2)a_3\}$
② $a_0\{a_1\,(a_2\,a_3)\}$
③ $(a_0\,a_1)(a_2\,a_3)$
④ $\{(a_0\,a_1)a_2\}a_3$
⑤ $\{a_0\,(a_1\,a_2)\}a_3$

を表す．

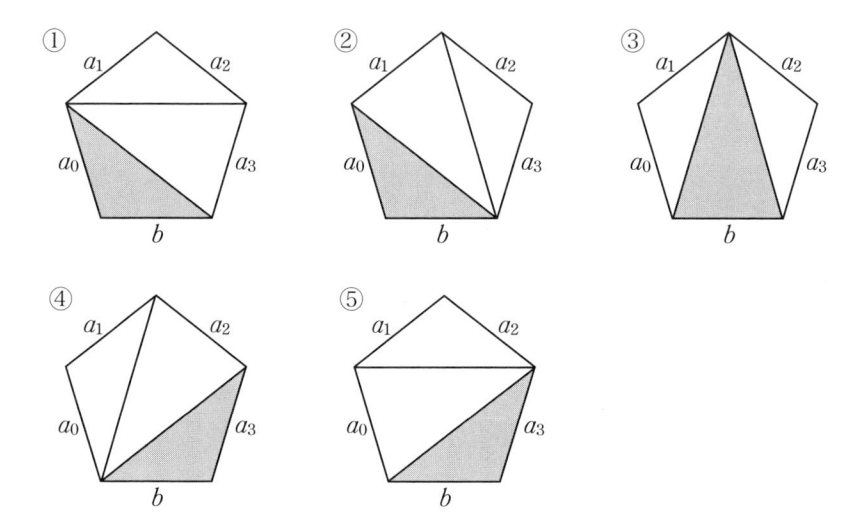

どの分割にも底辺 b を含む 3 角形（アミ目のもの）が一つ含まれるから，その左右で分割の仕方を場合分けすることにより，結局，一般の凸多角形においてもお馴染みの漸化式

$$c(n+1)=c(0)c(n)+c(1)c(n-1)+\cdots+c(n)c(0)$$

が得られる．ただし，$c(0)=c(1)=1$ とする．以上によってオイラーの問題が完全に解けたわけである：

> 凸多角形 (便宜上 $n+2$ 角形とする) を互いに交わらない $n-1$ 本の対角線によって n 個の 3 角形に分割する仕方の数は，カタラン数
> $$c(n) = \frac{1}{n+1}\binom{2n}{n} \quad (n=1,2,\cdots)$$
> に等しい．

オイラーの問題に挑戦し，上記の漸化式に辿り着いたのがセグナー (J.A.von Segner) であり，さらに，この問題と括弧の付け方の問題の関連を見抜き，1838 年，問題を完全に解決したのがフランスの数学者**カタラン** (E.C.Catalan, 1814〜1894) だったのである．

3. 結合算法

カタラン数については，興味深い応用や有用な公式も多い．例えば，$n=1,2,\cdots$ に対して
$$c(n) = 2^n \cdot \frac{(1 \cdot 3 \cdot 5 \cdots (2n-1))}{(n+1)!}$$
と表され，この値は $n=2^k-1$ のときに限り奇数となることなど……．しかし，この辺りで我々の本来のテーマ"結合律"に戻ることにしよう．

さて，空でない集合 S の 2 元演算 $x*y = xy$ が (1) 閉鎖律，(2) 結合律を満たし，さらに，条件

(3) **単位元 e の存在**： $ex = xe = x$

を満たすとき，S はこの演算に関して"**モノイド**"をなすといった．モノイド S がさらに条件

(4) **逆元 x' の存在**： $x'x = xx' = e$

を満たせば，S は"**群**"になる．ただし，ここで x は S の任意の元である．

第 1 部　代数学の話

> **代数系の諸段階**
> 集合 → 亜群 → 半群 → モノイド → 群
> （矢線 → は条件の付加を意味する）

　それでは，たとえば，条件 (1), (3), (4) は満たすが (2) 結合律を満たさないような代数系はあるだろうか？——もちろん，存在する．以下，このような場合を考えてみよう．

　前にも登場した例：
$$S = \{0, 1, 2, 3, 4\}, \quad x*y = |x-y|$$
は 0 を単位元とし，かつ，各元はそれ自身を逆元として持つ亜群であるが，結合律は成立しない．このような例は他にもある．

(例) 集合 $S = \{e, a, b, c, d\}$ の 2 元演算が次の演算表により与えられている．

	e	a	b	c	d
e	e	a	b	c	d
a	a	e	d	b	c
b	b	c	e	d	a
c	c	d	a	e	b
d	d	b	c	a	e

この演算は e を単位元とし，かつ，各元はそれ自身を逆元として持っているが，結合律は成立しない．なぜならば，表より，
$$(ab)c = dc = a, \quad a(bc) = ad = c$$
となり，両者が一致しないからである．

　群においては，各元 x の逆元 x' は一意的に定まる．しかし，このことは結合律がなければ成立しない．なぜならば，x' と x'' を共に x の逆元とすれば，結合律を用いて

$$x' = x'e = x'(xx'') = (x'x)x'' = ex'' = x''$$

と変形し，$x' = x''$ を示すことができるが，この変形は結合律がなければ不可能だからである．このように，2元演算の運用において，結合律は非常に重要な役割を演じる条件である．

通常の数の加法や乗法はもちろんのこと，写像の合成やその表現としての行列の演算などがごく自然に結合律を満たすので，群論の草創期にはこの条件を明示せず，暗々裡に仮定してしまうことがあった．しかしながら，上で見てきたように，結合律は"代数的構造"に決定的な影響を与える2元演算への本質的な仮定なのである．

我々は新しい数学的対象に"積"を定義するとき，それが結合律を満たすかどうかを意識的に吟味しておかなければならない．例えば，複素数の積は？行列の積は？写像の合成は？これらが結合律を満たすかどうか一度は検証してみる必要がある．

代数学の話

第6話 群表とクラインの4元群

1. 群表について

　前回までの話で，代数的構造，とくに"群"とは何かの大筋がつかめたことと思う．この講座は気楽に読んで頂くために，一話ずつテーマを完結させるように配慮してあり，定義や定理，証明などが体系的に配列される教科書スタイルをとっていない．このため，定義や説明に重複が生じたり，話が冗長になったりしがちである．とにかく長短相補って一つの良いものができれば幸いである．

　さて，空でない集合 G に2元演算 $*$ が定義されており，次の4条件を満たすとき，G はこの演算 $*$ に関して"群"をなすといった（第4話参照）．
(1) **閉鎖律**：G は演算 $*$ に関して閉じている．
(2) **結合律**：$(x*y)*z = x*(y*z)$．
(3) **単位元 e の存在**：$e*x = x*e = x$．
(4) **逆元 x' の存在**：$x'*x = x*x' = e$．

　群の演算表を**群表**という．群表では，2元演算 $x*y = z$ を表すのに，左因子の見出し x の行と右因子の見出し y の列の交点に演算の結果 z を配置する．

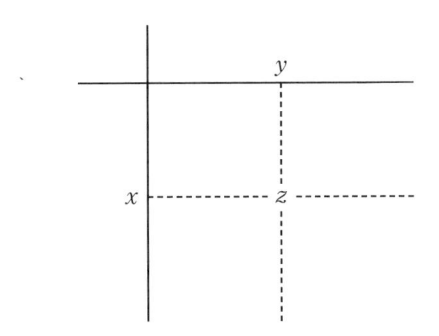

このとき，左因子および右因子の見出しの並べ方は順不同，すなわち順序に一定の規則が無くてよいが，通常，単位元 e を最初に置く．

　もし群 G が，条件

(5) **可換律**：G の任意の二つの元 x, y に対して
$$x * y = y * x$$
が成り立つ

を満たすときは**可換群**という．可換群 G の群表は，もし左因子と右因子の見出しが同じ順序に並べてあるならば，表の主対角線に関して対称になる．

　可換群は"アーベル群"とも呼ばれる．1826 年，ノルウェーの数学者アーベルが初めて代数方程式に関する論文で可換群の概念を用いたのである．因みに，"群"（group）という言葉は 1832 年にガロアによって導入された．その後，群の構造を研究する過程でケイリーが公理化に成功したのは 1854 年以降のことである．このとき，ケイリーによって群の乗積表が有効に利用された．今日，群表のことを"ケイリー表"とも呼ぶのはこれに由来している．

　ところで，群 G の元（要素）の個数 n を G の**位数**といい，$|G| = n$ と記す．有限位数の群を**有限群**といい，そうでない群を**無限群**という．整数全体 Z，有理数全体 Q，実数全体 R などは加法に関して無限群となっている．群表を用いるためには，G が有限群であるばかりではなく，その位数 n がごく小さくなければならない．なぜなら，G の位数が大きければ，表そのものが作れないからである．

さて，次の定理は群表の持つ大きな特徴である：

> 群表においては，表の各行と各列にその群のすべての元が漏れなく重複なく丁度1回づつ現れる．

すなわち，群表のすべての行と列は群 G の n 個の元の順列になっている．オイラーは，n 文字を漏れなく重複なく n 行 n 列の各行と各列に並べてできる配置を**ラテン方陣**と名付けて研究した．というのは，オイラーはこのような配置にラテン小文字 $a, b, c, \cdots$ を用いたからである．したがって，見出しの部分は別にして，上記の定理は

$$\text{"群表} \Longrightarrow \text{ラテン方陣"}$$

ということを述べている．この逆は成立しない．

(**例**) 第5話の末尾で調べたように，集合 $S = \{e, a, b, c, d\}$ の演算表を

	e	a	b	c	d
e	e	a	b	c	d
a	a	e	d	b	c
b	b	c	e	d	a
c	c	d	a	e	b
d	d	b	c	a	e

とすれば，これは5文字のラテン方陣であり，さらに単位元 e も持っているが，結合律を満たさず，群表にはならない．

証明 上記の定理を証明しておこう．群 G の位数を n として，
$$G = \{a_1, a_2, \cdots, a_n\}$$
とする．G の群表の見出し a の行は
$$aG = \{aa_1, aa_2, aa_n\}$$
と表わされる（2元演算の記号 $*$ を省略する）．閉鎖律より $aG \subseteq G$ である．

ここで，もし $aa_i = aa_j$ とすれば，a の逆元を両辺に左から掛けて $a_i = a_j$ となるから，対偶をとり，
$$a_i \neq a_j \implies aa_i \neq aa_j$$
となる．すなわち，見出し a の行に現れた n 個の元
$$aa_i \quad (i = 1, 2, \cdots, n)$$
は相異なる n 個の G の元である．したがって，$aG = G$ でなければならない．以上の議論は見出し a の列
$$Ga = \{a_1 a, a_2 a, \cdots, a_i a\}$$
についても同様であるから，定理は証明された． (了)

群表であるということは，なかなか厳しい要請である．n 文字のラテン方陣は少なくとも
$$n!(n-1)! \cdots 1! \text{ 通り}$$
は存在するが，位数 n の群表は，本質的にはそれほど多様なわけではない．一般に，二つの群 G, G' が元や演算の記号の違いを除けば完全に等しい構造を持つとき，G と G' は同型 (isomorphic) であるといい，
$$G \cong G'$$
と表す．有限群の構造は群表によって完全に決定され，同型な群は記号の違いを除けば抽象的には同一の群表を持つのである．

位数 $1, 2, 3$ の群は"同型を除けば"それぞれ次の場合に限られる：

$n=1$		$n=2$			$n=3$			
	e		e	a		e	a	b
e	e	e	e	a	e	e	a	b
(単位群)		a	a	e	a	a	b	e
					b	b	e	a

なぜなら，見出し e (単位元) の行と列は一意的に決まってしまうし，どの行と列もその群のすべての元を漏れなく重複なく並べなければならないからである．

したがって，位数 $1, 2, 3$ の群の"具体例"はそれぞれ多様でありえても，その群表は本質的には上記のものに限られるのである．

例 $G_1 = \{0, 1, 2\}$ （mod 3）の加法群

	0	1	2
0	0	1	2
1	1	2	0
2	2	0	1

$G_2 = \left\{1, \dfrac{-1+i\sqrt{3}}{2}, \dfrac{-1-i\sqrt{3}}{2}\right\}$ の乗法群．

	1	α	β
1	1	α	β
α	α	β	1
β	β	1	α

ただし，$i^2 = -1$ であり，
$$\alpha = \frac{-1+i\sqrt{3}}{2}, \quad \beta = \frac{-1-i\sqrt{3}}{2}.$$
$1, \alpha, \beta$ は 1 の 3 乗根である．

2 元演算が加法 $x+y$ によって与えられている群を**加法群**といい，乗法 xy によって与えられている群を**乗法群**という．通常，加法群の単位元は 0 と書かれ，乗法群の単位元は 1 と書かれることが多い．このような元や演算の違いを除けば，上記の G_1 と G_2 は完全に同じ構造を持っているのである．つまり，$G_1 \cong G_2$ である．

2. クラインの 4 元群

位数 n の群は同型を除いて何通りあるか？——これは，まだ全面的には解決されていない難問である．位数 n が大きくなれば群の構造は複雑にな

るが，この場合，群の型は n の大きさそのものより，むしろ n の素因数分解の型に依存するのである．次の定理が基本的である：

> 素数位数 p の群の型は"同型を除けば"一意的（唯一通り）である．

すでに見たように，位数 1 の群は単位群 $\{e\}$ に限るし，位数 2 や 3 は素数だから，この定理からいっても群の型は一意的に決まってしまうのである．位数 $5, 7, 11, \cdots$ も同様である．しかし，合成数 $4, 6, 8, 9, \cdots$ を位数に持つ群の型は一意的ではない．位数 4 や 6 の群の型はそれぞれ 2 通りあるし，位数 8 の群の型は 5 通りもある．

位数 4 の群は"同型を除けば"次の 2 通りに限られる：

(1) 位数 4 の巡回群

	e	a	b	c
e	e	a	b	c
a	a	b	c	e
b	b	c	e	a
c	c	e	a	b

(2) クラインの 4 元群

	e	a	b	c
e	e	a	b	c
a	a	e	c	b
b	b	c	e	a
c	c	b	a	e

位数 4 の巡回群は，群の各元が一つの元 a の累乗で表すことができ，群の構造が巡回的（cyclic）になっているという特徴がある：
$$e = a^0, \quad a, \quad b = a^2, \quad c = a^3.$$
このとき，底にとる元 a を**生成元**という．

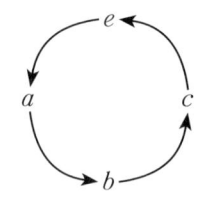

クラインの4元群は，どの元もその元自身を逆元とし，a, b, c のうちの二つの積は残り一つの元になるという特徴がある：
$$a^2 = b^2 = c^2 = e, \text{ かつ,}$$
$$ab = c, \quad bc = a, \quad ca = b.$$
どちらの群も可換群である．

こうして，位数4の群の具体例は多様であるが——また多様であるからこそ群論は至る処に応用を持つが——結局は巡回群かクラインの4元群に同型になってしまうのである．以下，いくつかの具体例を挙げてみよう．

例 $G = \{1, 2, 3, 4\}$ (mod 5) の乗法群．

	1	2	4	3
1	1	2	4	3
2	2	4	3	1
4	4	3	1	2
3	3	1	2	4

これは位数4の巡回群（生成元2）である．
$$2^3 = 8 \equiv 3 \pmod{5}$$
である．元の順序に注意されたい．

例 $G = \{1, 5, 7, 11\}$ （mod 12）の乗法群．

	1	5	7	11
1	1	5	7	11
5	5	1	11	7
7	7	11	1	5
11	11	7	5	1

これはクラインの 4 元群である．各元がそれ自身を逆元としていることに注意されたい．

1884 年，F. クラインは著書『正 20 面体と 5 次方程式』(関口次郎氏の邦訳あり) において正多面体の対称変換群の理論を展開し，その中で「4 元群」という一節を設けてこの群の重要性を強調している．元が 4 個だけの小さく素朴な群であるが，数学のいろいろな場面に現れる重要な群であり，今日では特に"クラインの 4 元群"(Klein's four-group) と呼ばれている．

例 xy 平面において，点 $\mathrm{P}(x, y)$ を点 $\mathrm{P}'(x', y')$ に移す線形変換

$$\begin{bmatrix} x' \\ y' \end{bmatrix} = \begin{bmatrix} a & b \\ c & d \end{bmatrix} \begin{bmatrix} x \\ y \end{bmatrix}$$

を考える．このとき，次の 4 個の行列は行列の乗法に関してクラインの 4 元群をなす：

$$E = \begin{bmatrix} 1 & 0 \\ 0 & 1 \end{bmatrix}, \quad A = \begin{bmatrix} 1 & 0 \\ 0 & -1 \end{bmatrix},$$

$$B = \begin{bmatrix} -1 & 0 \\ 0 & 1 \end{bmatrix}, \quad C = \begin{bmatrix} -1 & 0 \\ 0 & -1 \end{bmatrix}.$$

各行列はそれぞれ順に恒等変換，x 軸対称，y 軸対称，原点対象の変換行列である．

例 xy 平面において，点 $\mathrm{P}(x, y)$ を直線 $y = mx$ に関して対称な点 Q に移す変換 (鏡映) を表す行列は

$$A = \frac{1}{1+m^2} \begin{bmatrix} 1-m^2 & 2m \\ 2m & m^2-1 \end{bmatrix}$$

第 1 部　代数学の話

によって与えられる（読者は是非これを計算してみられたい）．このとき，単位行列を

$$E = \begin{bmatrix} 1 & 0 \\ 0 & 1 \end{bmatrix}$$

とすれば，図において，点 P を点 R, S に移す変換を表す行列はそれぞれ $-A$ と $-E$ によって与えられる．したがって，

$$G = \{E,\ A,\ -A,\ -E\}$$

は行列の乗法に関してクラインの 4 元群をなす．$-A$, $-E$ をそれぞれ B, C と置けば，G の群表は定理に掲げたものと同型になる．ここで，特に $m = 0$ とすれば，この群は前例のものに帰着する．また，$m = 1$ とすれば，クラインの 4 元群をなす次の 4 個の行列を得る：

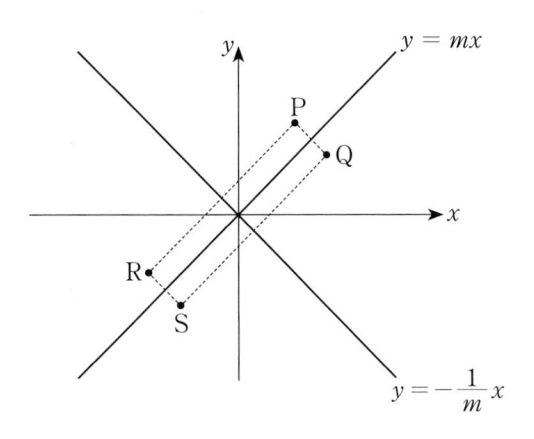

$$\begin{bmatrix} 1 & 0 \\ 0 & 1 \end{bmatrix},\ \begin{bmatrix} 0 & 1 \\ 1 & 0 \end{bmatrix},\ \begin{bmatrix} 0 & -1 \\ -1 & 0 \end{bmatrix},\ \begin{bmatrix} -1 & 0 \\ 0 & -1 \end{bmatrix}.$$

なお，この例題において，$m = \tan\theta$ とおけば，

$$A = \begin{bmatrix} \cos 2\theta & \sin 2\theta \\ \sin 2\theta & -\cos 2\theta \end{bmatrix}$$

と表される．これはまた

$$A = \begin{bmatrix} \cos 2\theta & -\sin 2\theta \\ \sin 2\theta & \cos 2\theta \end{bmatrix} \begin{bmatrix} 1 & 0 \\ 0 & 1 \end{bmatrix}$$

と分解されるから，行列 A の表す変換は x 軸対称の鏡映と 2θ だけの回転の合成であることが分かる．

　クラインは，個々の図形の対称変換群を考察するばかりではなく，群論的なものの見方を幾何学研究の指導原理にし，その後の幾何学の発展に大きな影響を与えた．彼は名著『19世紀の数学』(これも邦訳あり)において，「"群論"は，特別な分科として，新しい数学の全体を貫いている．これは，整理し明確にする原理として，さまざまな分野に浸透している．……その範囲は，方程式論にとどまらず，楕円関数や，射影・アフィン・計量幾何学の研究とそれらの不変式論に及んだ．」と書いている．それから1世紀を経て，群論の応用はさらに深くかつ広く多方面に浸透して行ったのである．

代数学の話

第7話

四則演算について

1. 四則演算と体の公理

"四則演算"とは,簡単に言えば,**加法**,**減法**,**乗法**,**除法**のことである.算数の段階では足し算,引き算,掛け算,割り算というし,また,演算 $+$,$-$,$\times$,$/$ よりもその結果を強調して,**和**,**差**,**積**,**商**ということもある.

集合 F は,その集合の範囲内で四則演算を自由に行うことができるとき(ただし,除法において 0 で割る必要はない),"体"と呼ばれることは第 4 話で述べた.特に,この集合が複素数体 C の部分体であるときは"数体"というのであった.

さて,我々はすでに第 4 話以降で"代数系の諸段階"

$$\text{集合} \to \text{亜群} \to \text{半群} \to \text{モノイド} \to \text{群}$$

を考察したし,特に群の公理を知っているので,この立場から体 F の四則演算の構造を分析してみよう.

一般に,群 G の 2 元演算が加法 $x+y$ によって与えられている群を**加法群**といい,乗法 xy によって与えられている群を**乗法群**といった(第 6 話).このとき,加法群の単位元は 0 と書かれ,乗法群の単位元は 1 と書かれることが多いことにも言及した.

体 F の四則演算において，ひとまず乗法と除法を度外視して加法と減法だけに注目すれば，F は "加法群" になっている．このとき，減法 $a-b$ は元 a に元 b の反元 (加法に関する逆元 $-b$ のこと) を加えること，すなわち，

$$a-b = a+(-b)$$

と定義し，加法と減法を一つに統一するのである．すなわち，減法 $a-b$ は単に $a+(-b)$ の略記であり，演算としては加法に過ぎない．

同様にして，体 F の四則演算において，今度は加法と減法を度外視して乗法と除法だけに注目してみる．ただし，0 を掛けると結果はすべて 0 になってしまうし，0 で割ることもタブーなので，集合 F からあらかじめ 0 を除外しておく．体 F から 0 を除外した集合を F^* と記すことにすれば，これは "乗法群" になっている．ここで，除法 a/b は元 a に元 b の逆元 b^{-1} を掛けること，すなわち，

$$a/b = ab^{-1}$$

と定義し，乗法と除法を一つに統一するのである．すなわち，除法 a/b は単に ab^{-1} の略記であり，演算としては乗法に過ぎない．

こうして，体 F は，四則演算に関して閉じている体系ではあるが，加法と乗法の二つの演算に関する複合構造として把握されるのであり，減法と除法はそれぞれ加法と乗法から派生する副次的な演算に過ぎないのである． "体の公理" をまとめてみよう．

集合 F が二つの 2 元演算 (加法と乗法) を持ち，次の条件を満たすとき，F は**体** (field) であるという．

(1) **加法群**：F は加法＋に関して可換群をなす．このとき，加法に関する単位元を 0 (零元) と記すことが多い．

(2) **乗法群**：F^* (F から 0 を除外した集合) は乗法・(文字式では省略される) に関して可換群をなす．このとき，乗法に関する単位元を 1 と記すことが多い．(特に "数体" では必ず単位元は 1 である．なお，定義から $1 \neq 0$ でなければならない)．

(3) **分配律**：F の任意の元に対して，
$$a(b+c) = ab+ac.$$

ここで，条件 (3) について，一言注意しておこう．この"分配律"が無いと，体 F の構造が加法構造と乗法構造にバラバラに分離してしまい，両者の連携が無くなってしまうのである．いわば，分配律は体 F の構造において加法と乗法を結びつける"かすがい"の役割を果たしているのである．たとえば，零元 0 は加法に関しては特別な存在であるが，もし分配律が無ければ，乗法に関しては $a0 = 0$ などという吸引力が無くなってしまうのである．

例 体 F の任意の元 a に対して
$$a0 = 0$$
が成り立つことを証明せよ．

証明 体 F においては $a+0 = a$ であるから，両辺に a を掛けて
$$(a+0)a = aa.$$
分配律より
$$aa + 0a = aa.$$
両辺から aa を引けば $0a = 0$ を得る． (了)

なお，上記の分配律は厳密には"左分配律"といわれるものであり，同時に"右分配律"
$$(b+c)a = ba+ca$$
も必要なのであるが，もともと乗法が可換 ($xy = yx$) と仮定されているので，左右の区別が不要になったのである．もともと F が数体のときは，複素数の通常の計算が自然に可換律や分配律を保証するので，このような議論は省略できるのである．

> **Q君の質問** 体 F の乗法に関する単位元 1 に対して
> $$(-1)(-1) = 1$$
> が成り立つことも，上記の体の定義から証明できるのですか？

――もちろん，できる．もっと一般に，体 F の任意の 2 元 a, b に対して，
$$(-a)(-b) = ab$$
が成り立つので，まず，この公式を証明してみよう．3 項の和
$$ab + a(-b) + (-a)(-b)$$
は，結合律によって，次の 2 通りに計算できる：
$$\begin{aligned}
\{ab + a(-b)\} + (-a)(-b) &= a\{b + (-b)\} + (-a)(-b) \\
&= a0 + (-a)(-b) \\
&= (-a)(-b),
\end{aligned}$$
$$\begin{aligned}
ab + \{a(-b) + (-a)(-b)\} &= ab + \{a + (-a)\}(-b) \\
&= ab + 0(-b) \\
&= ab.
\end{aligned}$$
これら両者は等しいので，
$$(-a)(-b) = ab$$
である．ここで，特に $a = b = 1$ とおけば，$(-1)(-1) = 1$ である． （了）

なお，先ほどの $a0 = 0$ の証明にせよ，今の $(-a)(-b) = ab$ の証明にせよ，乗法に関する逆元は使っていない．したがって，これらの公式は体の条件を弱くした"環"においても同様に成り立つわけである．

2. 環の公理

体 F は，四則演算に関して閉じている体系であったが，このような言い方をすれば，環とは加法，減法，乗法という三則に関して閉じた体系であ

る．上記の"体の公理"において，条件 (1) と (3) はそのままにしておいて，条件 (2) を次のように弱くすれば，"環の公理"が得られるのである．

> 集合 R が二つの 2 元演算 (加法と乗法) を持ち，つぎの条件を満たすとき，R は**環** (ring) であるという：
> (1) R は加法に関して可換群をなす．
> (2) R は乗法に関して半群をなす．
> (3) R は左右の分配律を満たす．

零元 0 や単位元 1 の記号は体の場合と同様である．ここで，著者の立場や分野によっては，条件 (2) において，さらに R が乗法に関する単位元 1 を持つことや，その乗法が可換律を満たすことをあらかじめ仮定して，「ことわりなく"環"といえば単位元 1 を持つ可換環を意味する」と規約することもある．この場合，条件 (2) は

(2') R は乗法に関して可換な"モノイド"をなす．

となるわけである．**整数環 Z** (整数全体のなす環) は可換環の典型であり，**全行列環 $M_n(C)$** (複素数を成分とする n 次の正方行列全体のなす環) は非可換な環の典型である．

これらの環は代数学の非常に重要な研究対象であり，それぞれ初等整数論，線形代数学という大きな分野を形成している．

全行列環の特徴は，高校数学で扱う実数を成分とする 2 次の正方行列全体のつくる環についてもよく現われている．簡単のために，このような環 $M = M_2(R)$ (実数成分の 2 次の全行列環) を考察してみよう．

> 実数成分の 2 次の正方行列全体のなす集合 M は加法，減法，乗法に関して閉じている．このとき，加法と乗法に関する単位元はそれぞれ
> $$\text{零行列 } O = \begin{bmatrix} 0 & 0 \\ 0 & 0 \end{bmatrix}, \quad \text{単位行列 } E = \begin{bmatrix} 1 & 0 \\ 0 & 1 \end{bmatrix}$$
> である．M は非可換な環をなす．

一般に，環 R において，
$$ab = 0 \quad (a \neq 0,\ b \neq 0)$$
が成り立つとき，元 a, b を**零因子**という．零元 0 の因数という意味である．単位元 1 を持つ可換環 R に零因子が存在しないとき，R を**整域**という．整数環 $\mathbb{Z}$ は**整域**の古典的な例である．

行列算(行列の計算)は"非可換"の上に，さらに，"零因子の存在"という特徴を持っている．たとえば，
$$A = \begin{bmatrix} 3 & 1 \\ 6 & 2 \end{bmatrix},\quad B = \begin{bmatrix} 1 & -2 \\ -3 & 6 \end{bmatrix}$$
とすれば，$A \neq O,\ B \neq O$ であるが，
$$AB = \begin{bmatrix} 3 & 1 \\ 6 & 2 \end{bmatrix}\begin{bmatrix} 1 & -2 \\ -3 & 6 \end{bmatrix} = \begin{bmatrix} 0 & 0 \\ 0 & 0 \end{bmatrix}$$
となり，A, B は零因子である．

例 整域 R では
$$ac = bc \text{ かつ } c \neq 0 \text{ ならば } a = b \quad (\text{簡約律})$$
が成り立つ．このことを証明せよ．

証明 もし R が体ならば元 $c \neq 0$ には逆元 c^{-1} が存在するから，$ac = bc$ の両辺に右からを掛ければ，直ちに $a = b$ を得る．しかし，整域 R では逆元の存在は保証されないから，この論法は成立しない．そこで，$ac = bc$ の右辺を移項して $ac - bc = 0$ とすれば，
$$(a-b)c = 0.$$
整域には零因子は存在しないから，
$$a - b = 0 \text{ または } c = 0.$$
仮定より $c \neq 0$ であるから，$a - b = 0$．
$$\therefore\ a = b \tag{了}$$

行列算の注意事項

(1) "可換律"は成立しない．すなわち，一般には
$$AB \neq BA.$$
(2) "零因子"が存在する．すなわち，
$$AB = O \quad (A \neq O,\ B \neq O)$$
となることがある．
(3) "簡約律"は成立しない．すなわち，
$$AC = BC, \quad C \neq O$$
であるとしても，$A = B$ とは限らない．

整域は可換環の特別な場合であるが，体はさらに 0 以外の各元が逆元を持つ特別な場合である．したがって，

$$\text{体} \Rightarrow \text{整域} \Rightarrow \text{可換環}$$

という系列をなしていることが分かるだろう．前述のように，整数環 Z は整域ではあるが体ではない典型的な例である．

Q君の質問 可換環ではあるが整域ではないような例を教えてください．

—— 2 次の対角行列

$$\begin{bmatrix} a & 0 \\ 0 & b \end{bmatrix} \quad (a,\ b\ は実数)$$

の全体は加法，減法，乗法に関して閉じている．さらに，

$$\begin{bmatrix} a & 0 \\ 0 & b \end{bmatrix}\begin{bmatrix} a' & 0 \\ 0 & b' \end{bmatrix} = \begin{bmatrix} a' & 0 \\ 0 & b' \end{bmatrix}\begin{bmatrix} a & 0 \\ 0 & b \end{bmatrix}$$
$$= \begin{bmatrix} aa' & 0 \\ 0 & bb' \end{bmatrix}$$

であるから，単位元 E（単位行列）を持つ可換環になっている．しかし，

たとえば,
$$\begin{bmatrix} 1 & 0 \\ 0 & 0 \end{bmatrix} \begin{bmatrix} 0 & 0 \\ 0 & 1 \end{bmatrix} = \begin{bmatrix} 0 & 0 \\ 0 & 0 \end{bmatrix}$$
のように零因子を持つから,もちろん整域ではない.

可換環ではあるが零因子を持つようなもっと重要な例として**法 m の剰余環**
$$Z_m = \{0, 1, 2, \cdots, m-1\} \pmod{m}$$
がある.これは通常の加法,減法,乗法において m の倍数をすべて0と見做す計算(法 m による還元)をする周知の可換環である.しかし,たとえば,法 $m = 12$(時計算!)のとき,
$$3 \not\equiv 0, \quad 4 \not\equiv 0 \pmod{12}$$
ではあるが,
$$3 \times 4 = 12 \equiv 0 \pmod{12}$$
となってしまう.すなわち,3や4はこの環における零因子なのだ.このような零因子は法 m が合成数(二つ以上の素因数の積)であるかぎり生じる.逆に,法 p が素数ならば零因子は存在せず,Z_p は整域になる.

3. 法 p の剰余体

> **法 p の剰余体**
>
> 法 p(素数)の剰余環
> $$Z_p = \{0, 1, 2, \cdots, p-1\} \pmod{p}$$
> は必ず体になり,**法 p の剰余体**と呼ばれる.この体では $a \not\equiv 0 \pmod{p}$ に対し
> $$a^{p-1} \equiv 1 \pmod{p}$$
> が成り立つ(フェルマーの定理).

いままでに登場した数体

有理数体 Q, 実数体 R, 複素数体 C
はすべて無限体であったが, 法 p の剰余体 Z_p は**有限体** (p 元体) である. なお, この元は整数によって $0, 1, 2, \cdots, p-1$ と書かれているが, Z の元とは意味が違い, 法 p による計算は通常の三則 (加法, 減法, 乗法) とは異なるものであるから, Z_p は数体 (複素数体 C の部分体) ではない.

証明 ここでフェルマーの定理の略証を与えておこう. なお, これは有名な"フェルマーの大定理"に対して"フェルマーの小定理"と呼ばれるものであるが, 初等整数論ではもっとも有用な定理の一つである.

いま, Z_p の 0 以外の元を a とする. 初等整数論によれば, 二つの整数 a と p が互いに素なるとき, 不定方程式
$$ax + py = 1$$
には整数解 x, y が存在する. そこで, 両辺を法 p で還元すれば, 合同式
$$ax \equiv 1 \pmod{p}$$
を得る. これは, すべての元 $a \not\equiv 0 \pmod{p}$ に逆元 x が存在することに他ならないから, Z_p は体になる.

次に, Z_p から 0 を除外した集合
$$Z_p^* = \{1, 2, \cdots, p-1\}$$
は乗法群をなす. この各元を a 倍して, 集合
$$aZ_p^* = \{a, 2a, \cdots, (p-1)a\}$$
を作る. Z_p^* と aZ_p^* は集合として一致するから, 各元の積も一致して,
$$a \cdot 2a \cdots (p-1)a \equiv 1 \cdot 2 \cdots (p-1) \pmod{p}$$
となる. 左辺は $(p-1)$ 個の元の積であるから,
$$a^{p-1} \cdot 1 \cdot 2 \cdots (p-1) \equiv 1 \cdot 2 \cdots (p-1) \mod p$$
$$\therefore \quad a^{p-1} \equiv 1 \pmod{p} \tag{了}$$

こうして, 元 $a \not\equiv 0 \pmod{p}$ の逆元は
$$a^{p-2} \pmod{p}$$
で与えられ, これが高々 $1, 2, \cdots, p-1$ のいずれかに還元されるのである.

例 3^{89} を 7 で割ったときの余りを求めよ．

フェルマーの定理によれば
$$3^6 \equiv 1 \pmod{7}$$
であるから，$89 = 14 \times 6 + 5$ より，
$$3^{89} = 3^{14 \times 6 + 5} = (3^6)^{14} \cdot 3^5$$
$$\equiv 3^5 = 5 \pmod{7}$$
と直ちに解を得る．余りは 5 である．

整域 $\mathbf{Z}_p$ が実は体であるということは，もっと一般的な定理

> 有限な整域は体である．

に拡張される．

証明 F を有限な整域とする．ここで"有限"とは F の元の個数が有限個（たとえば n 個）ということであり，したがって
$$F = \{a_1, a_2, \cdots, a_n\}$$
と表されることである．F が体であることを示すためには，与えられた F の元 $a \neq 0$ に逆元があることを示せばよい．F の各元を a 倍して
$$aF = \{aa_1, aa_2, \cdots, aa_n\}$$
とすれば，これは集合として F と一致する．したがって，どれか一つは単位元 1 でなければならない．それを
$$aa_i = 1$$
とする．このとき，a_i が a の逆元である． (了)

因みに，法 p の剰余体 $\mathbf{Z}_p$ から 0 を除外した集合
$$\mathbf{Z}_p^* = \{1, 2, \cdots, p-1\} \pmod{p}$$
は位数 $p-1$ の巡回群をなし，**法 p の既約剰余群**と呼ばれる興味深い構造を持っている．これについては機会を改めて考察しよう．

代数学の話

第8話 ブール環について

1. 集合算の構造

　数学と論理学は不可分に結びついている．筆者の考えでは，数学は論理学の一分野ではないし，その逆でもない．もちろん，数学＝論理学というのでもない．しかし，両者は同じ歳の双生児として，古代より一緒に生長してきた兄弟なのである．

　バートランド・ラッセルによれば，純粋数学は1854年にジョージ・ブールが『思考の法則』を刊行したときに発見された．上述のように，数学＝論理学ではないのだから，このラッセルの見解はそのままでは受け入れがたいが，「数学はもともと数や量の考察にかかわる必要はないのだ」というブールの主張は現代数学発生の一契機ではあったのだろう．

　この講座で時々登場する"Q君"が，かつて，次のような質問をしたことがある〔第2話〕：

「合併集合 $A \cup B$，共通部分 $A \cap B$ をそれぞれ"和"および"積"とも呼ぶということですが，これは実際の和や積と何か関係があるのでしょうか？」

　この疑問について，今回はもう少し詳細に考えて，数や量ではないものについて和や積がどのように適用されるかについて，ブールの思想の一端

を紹介してみよう．

いま，n 個の元からなる集合
$$S = \{a_1, a_2, \cdots, a_n\}$$
を考えよう．このとき，次のことがらは基本的である：

> 有限集合 S が n 個の元からなるならば，S の部分集合は全部で 2^n 個ある．

ここで，S の部分集合には，S 自身および空集合 ϕ も含めている．上記の理由は簡単で，一つの部分集合 A を作るとき，S の各元 a_i に対し A に属するか属さないかの 2 通りの場合があり，このような元が全部で n 個あるのだから，場合の総数は
$$2 \times 2 \times \cdots \times 2 = 2^n$$
となるのである．

集合 S のすべての部分集合の全体は S の**ベキ集合**と呼ばれ，$P(S)$ と記されることがある．すなわち，
$$P(S) = \{S, \phi, A, B, C, \cdots\}$$
である．ここで，$A, B, C, \cdots$ は S の部分集合である．

さて，A と B が S の部分集合ならば，$A \cup B$, $A \cap B$ もそうである．そこで，ベキ集合 $P(S)$ に集合算 $\cup$ と $\cap$ を利用して環の構造を導入できないだろうか？ 幸い，どちらの演算についても閉鎖律，結合律などは満たしているのだが…？

しかし，これらを直ちに加法，乗法と呼ぶのは環の立場からは性急である．ベキ集合 $P(S)$ が "環" と呼ばれるためには，前講（第 7 話）の考察により，次の 3 条件が必要だからである：

(1) $P(S)$ は加法 $A + B$ に関して可換群をなす．

(2) $P(S)$ は乗法 AB に関して半群をなす．

このとき，乗法に関する単位元が存在し，しかも乗法は可換であるこ

とが望ましい．

(3) 分配律
$$A(B+C) = AB+AC,$$
$$(B+C)A = BA+CA$$
を満たす (可換環なら一方だけでよい)．

そこで，もし $A \cup B$ を"加法"と定義すると，S の部分集合 $A, B, \cdots$ に対して，前述のように，

$A \cup B$ も S の部分集合である（閉鎖律）

$(A \cup B) \cup C = A \cup (B \cup C)$（結合律）

$A \cup B = B \cup A$（可換律）

が成立するし，かつ，空集合 ϕ は，$A \cup \phi = A$ によって，この加法に関する単位元になる．しかし，もし ϕ を単位元とすると，A が ϕ でなければ，$A \cup X = \phi$ となるような部分集合 X は存在しないから，この加法に関する A の逆元は存在しないことになる．したがって，$P(S)$ は演算 $A \cup B$ に関して単位元 ϕ を持つ可換半群になるが，加法群になってくれないのである．

そこで，$P(S)$ における"加法"の定義を修正して，$A+B$ は，「A と B の合併集合 $A \cup B$ から共通部分 $A \cap B$ を除外してできる部分集合」(図のアミ目部分)，すなわち，
$$A+B = A \cup B - A \cap B$$
と定義する．これは加法であるにもかかわらず集合算では"対称差"と呼ば

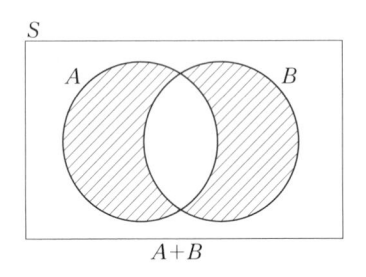

れるもので，必ずしも記号 + が使われるわけではない．加法をこのように定義すると，S の部分集合 $A, B, \cdots$ に対して，
$$A+B \text{ も } S \text{ の部分集合である (閉鎖律)}$$
$$(A+B)+C = A+(B+C) \text{ (結合律)}$$
$$A+B = B+A \text{ (可換律)}$$
が成立するし，さらに，空集合 ϕ は $A+\phi = A$ によってこの加法に関する単位元 (零元) になるし，任意の部分集合 A に対して，
$$A+A = \phi \text{ (すなわち, } 2A = \phi\text{)}$$
により，A 自身が加法に関する A の逆元 (反元) になる，したがって，$P(S)$ はこの加法に関して可換群になり，条件 (1) が満足されるのである．

次に，$P(S)$ における"乗法"を $AB = A \cap B$ によって定義すると，S の部分集合 $A, B, \cdots$ に対して，∪ のときと同様にして，
$$A \cap B \text{ も } S \text{ の部分集合である (閉鎖律)}$$
$$(A \cap B) \cap C = A \cap (B \cap C) \text{ (結合律)}$$
$$A \cap B = B \cap A \text{ (可換律)}$$
が成立するし，かつ，全集合 S は，$A \cap S = A$ によって，この乗法に関する単位元になる．したがって，$P(S)$ はこの乗法に関して単位元 S を持つ可換半群になり，条件が満たされる．加法のときと同様に，演算 $A \cap B$ には逆元が定義できず，この乗法は群にはならない．

分配律，すなわち条件 (3) については，S の部分集合 A, B, C についてのヴェンの図式によって容易に証明できるだろう．

こうして，次の定理が得られた：

集合 S の部分集合 $A, B, \cdots$ に対して，
　　加法　$A+B = A \cup B - A \cap B$　（− は "除外" を表す）
　　乗法　$AB = A \cap B$
を導入すれば，この演算によって S の部分集合の全体 $P(S)$ は零元 ϕ，単位元 S を持つ "可換環" となる．

ここで，もとの集合 S が有限であることは使っていない．したがって，この定理は S が有限集合でなくても成立する．なお，一般に，単位元 1 を持つ環 R で，各元 a が
$$a^2 = a \quad (\text{ベキ等律})$$
を満たすものを**ブール環**という．ブール環は必ず可換になり，しかも各元が $2a = 0$ を満たすことが証明される．上の定理はベキ集合 $P(S)$ によるブール環の一つの表現である．

2. 命題の演算

集合 S の部分集合 $A, B, \cdots$ は，それぞれ，何らかの条件 $p(x), q(x), \cdots$ によって
$$A = \{x | p(x)\}, \quad B = \{x | q(x)\}$$
のように " 内包的 " に定義されている (第 2 話)．そのとき，外延と内包 (集合とそれを決める条件) との関係は

合併集合 $\quad A \cup B = \{x | p(x) \vee q(x)\}$

共通部分 $\quad A \cap B = \{x | p(x) \wedge q(x)\}$

(記号 $\vee$ は "or", $\wedge$ は "and" を意味する)

であった．したがって，部分集合 $A, B, \cdots$ の和や積を考えるかわりに，命題 $p(x), q(x), \cdots$ の和や積 (複号命題) を考えることもできる．ここで，" 命題 " というのは元 x に応じて成立するかしないかが確定する条件のことである．そこで，二つの命題 $p(x), q(x)$ の " 論理和 " は通常の
$$p(x) \vee q(x) \cdots\cdots p(x) \quad \text{or} \quad q(x)$$
ではなく，いわゆる " 排他的論理和 "
$$p(x) \veebar q(x) \cdots\cdots p(x) \quad \text{or} \quad q(x) \quad \text{but not both}$$
を用いる．これは，対応する外延を $A \cup B$ ではなく $A + B$ とするためであり，「 $p(x)$ または $q(x)$ ではあるが両者ではない」という条件である．日常会話においても「または」という言葉にはこれら 2 通りの用法があるよう

である．通常は排他的でない方を用いる．"論理積"はそのまま
$$p(x) \wedge q(x) \cdots p(x) \text{ and } q(x)$$
でよい．すなわち，「$p(x)$ かつ $q(x)$ である」という条件の外延が $A \cap B$ である．

> 元 x に関する命題 $p(x), q(x), \cdots$ の集合において，排他的論理和 $\veebar$，論理積 $\wedge$ によって
> $$\textbf{加法}\quad p(x) \veebar q(x), \quad \textbf{乗法}\quad p(x) \wedge q(x)$$
> を導入すれば，この演算によって命題の集合は零元 0("偽"を表す) と単位元 1("真"を表す) を持つ環になる．

実は，この形式が本来の"ブール環"の姿であった．ブールは前掲の書『思考の法則』において，論理学を先駆者ライプニッツのように代数的演算に還元しようとしたのである．冒頭に述べたように，数や量ではない"命題"に和や積の演算を定義して，論理学に形式の整った代数的構造を導入したことは，何と言っても画期的なことだった．記号論理学がここから発展し，今日のコンピュータ時代の基礎になったからである．

3. ブール環の表現

ブール環 R はベキ集合 $P(S)$ における集合算や複合命題の演算によらなくても表現できる．いま，2**進 n 桁数**
$$a_1 a_2 \cdots a_n \quad (\text{各 } a_i \text{ は } 0 \text{ または } 1)$$
の集合を R とする．そして，二つの 2 進数の"加法"と"乗法"は，それぞれ，各桁における $\mathrm{mod}\, 2$ の和と積をとる．どちらも桁ごとに計算され"繰り上がり"は無い．たとえば，5 桁の 2 進数 11010 と 10110 の和と積は

```
  1 1 0 1 0          1 1 0 1 0
+ 1 0 1 1 0        × 1 0 1 1 0
  0 1 1 0 0          1 0 0 1 0
```

である．

さて，冒頭で調べたように，n 個の元からなる集合
$$S = \{a_1, a_2, \cdots, a_n\} \quad (\text{各 } a_i \text{ は何でもよい})$$
の部分集合は全部で 2^n 個ある．このとき，S の部分集合の全体 $P(S)$ と 2 進 n 桁数の全体 R は元の間に "1 対 1" の対応がある．なぜなら，S の部分集合 A において，元 a_i が A に属するならば 2 進数の第 i 桁を 1，属さなければ 0 と対応させればよいからである．たとえば，$S = \{a_1, a_2, a_3, a_4, a_5\}$ とするとき，
$$A = \{a_1, a_2, a_4\} \longleftrightarrow 11010$$
$$B = \{a_1, a_3, a_4\} \longleftrightarrow 10110$$
であり，それらの和と積は
$$A + B = \{a_2, a_3\} \longleftrightarrow 01100$$
$$AB = \{a_1, a_4\} \longleftrightarrow 10010$$
と対応する．このように対応させれば，$P(S)$ の加法と乗法が R の加法と乗法と同じ構造を持つことが分かるだろう．つまり，$P(S)$ と R はブール環として同型である．こうして，ブール環の次の新しい表現が得られた：

---

2 進 n 桁数
$$a_1 a_2 \cdots a_n \quad (\text{各 } a_i \text{ は } 0 \text{ または } 1)$$
の集合 R において，二つの 2 進数の "加法" と "乗法" を，それぞれ，各桁における $\mathrm{mod}\, 2$ の和と積によって定義すれば，この演算によって R は位数 2^n のブール環となる．

注意　ブール環 R の 2 進 n 桁数は
$$00000 \longleftrightarrow 0$$
$$10000 \longleftrightarrow 1$$
$$01000 \longleftrightarrow 2$$
$$11000 \longleftrightarrow 3$$

$$00100 \longleftrightarrow 4$$
$$10100 \longleftrightarrow 5$$

のように 10 進数と対応づけることもできるが，位取りが左から右に進行しており，また，R での加法と乗法は"各桁ごとの mod 2 の計算"によって定義されているのだから，通常の 2 進法の計算とまったく異なることに注意しなければならない．

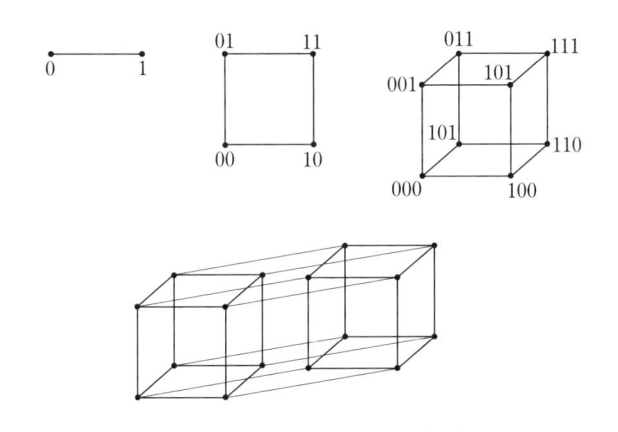

2 進 n 桁数は "n 次元超立方体" の各頂点に 1 対 1 に対応づけられる．いま，二つの 2 進 n 桁数

$$a = a_1 a_2 \cdots a_n, \quad b = b_1 b_2 \cdots b_n$$

の対応する桁を比較して，"parity"(偶奇性，0 か 1 かということ) の相異している箇所の個数を $d(a, b)$ で表せば，ブール環 R は $d(a, b)$ を距離関数として "距離空間" になる．すなわち，

$$d(a, b) = \text{和 } a + b \text{ に現れる数字 1 の個数}$$

である．この距離 $d(a, b)$ を**ハミングの距離**という．2 点 a, b が距離 1 であることは，それらが超立方体において隣接していることを意味する．そして，距離 $d(a, b)$ は超立方体において a から b に稜に沿って到達するに要する最短距離である．

情報理論においては，偶奇性の 1 回の判断を伝える情報量を 1 ビットとい

う．2進 n 桁数は n ビットの情報量を伝える符号（コード）であり，ハミングの距離 $d(a, b)$ は a, b の情報量の相異を表している．符号 a を送信して b が受信される確率はハミングの距離 $d(a, b)$ が大きいほど小となる．互いに接近しているときには，離れているときより混信しやすくなる．情報量の単位ビット（bit）は "binary digit" の略である．ブールの思想が意外な処に波及したわけである．

なお，話の途中，次の定理を証明なしで紹介したので，ここで証明を与えておこう．

> 単位元 1 を持つ環 R で，各元 a がベキ等律（$a^2 = a$）を満たすものを " ブール環 " という．ブール環は必ず可換になり，しかも各元が $2a = 0$ を満たす．

R の 2 進 n 桁数表示では
$$\text{単位元 } 11\cdots1, \quad \text{零元 } 00\cdots0$$
であるが，ここでは一般のブール環として証明する．

証明 ブール環 R の任意の 2 元 a, b に対して，定義より，$a^2 = a$，$b^2 = b$ であるから，$a^2 + b^2 = a + b$．しかるに，$a + b$ もベキ等であるから，
$$(a+b)^2 = a^2 + ab + ba + b^2 = a^2 + b^2$$
$$\therefore \ ab + ba = 0 \qquad\qquad \cdots\cdots ①$$
① で $b = a$ とおくと，
$$a^2 + a^2 = 2a^2 = 2a = 0.$$
したがって，R の任意の a に対し，$2a = 0$ が成り立つ．

次に，$2a = 0$ の両辺に右から b を掛ければ $2ab = 0$ となるが，これと① より，$ba = ab$ を得る．したがって，R は可換である．　　　　（了）

代数学は形式を重んじるが，形式そのものが目標であるわけではない．

高度の抽象化が逆に広い応用を可能にするのである．今日，デジタル量を扱う情報工学においては，方程式論から発展した抽象代数学の手法が不可欠になってきている．整数はもとより，群，環，そして有限体などの理論が情報化社会では日常的に使われているのである．

代数学の話

第9話　形式不易の原理

1. 数概念の拡張

　前回まで，加法，減法，乗法という三つの演算に関して閉じている代数系としての"環"の構造，さらに分母 $\neq 0$ なる除法も可能な"体"の構造を考察した．これらは，それぞれ，環論，体論ないしガロア理論という大きな部門を構成する代数学のキー・ワードであるが，この講座はこれらの一般論を展開しようとする意図は持っていない．この講座は，将来，読者諸氏が理系のどの方面に進まれようと必ず役立つような，現代代数学への興味深い入門ゼミを意図している．どうか気楽に読んで頂きたい．

　環と体の典型的モデルは整数環 Z と有理数体 Q である．整数環 Z は 0 および正負の整数全体のなす系（システム）であり，この構造を研究することが"初等整数論"の課題である．二つの整数 a, b の商 b/a $(a \neq 0)$ は既約分数として表示され，"有理数"と呼ばれる．

　我々は，第7話において，加法の逆演算として減法があり，また乗法の逆演算として除法があることを知った．そして，この四則演算に関して閉じた系（システム）が"体"であった．このことを"数概念の拡張"という観点から考察してみよう．

　まず，自然数全体の集合 $N = \{1, 2, 3, \cdots\}$ から出発する．これは加法と

乗法に関して閉じている．すなわち，a と b が自然数ならば，$a+b$ と ab もそうである．しかし，その逆演算である減法と除法に関しては閉じていない．差 $b-a$ は b が a より大きいときに限って自然数であり，商 b/a $(a \neq 0)$ は b が a の倍数のときに限って自然数である．したがって，減法が無条件で可能なためには，数の概念を拡張して 0 および負の整数も認めなければならない．また，除法が常に可能なためには有理数（分数）も認めなければならない．こうして，数の概念は自然数から整数，さらに有理数へと拡張される．

数概念をこのように拡張すると，自然数の概念も新しい性格を帯びるようになる．すなわち，前者では"正の整数"として，後者では"既約分数"の分母が 1 という特別な場合として．こうして，数概念を拡張すると，これらの新しい数は，今までの演算と矛盾することなく，これらを包括しつつ，しかも，より一般的に自由に演算が行える系（システム）を形成するのである．

「数学は常に自由を求めて進む」という言葉がある．数学においては，たとえ概念を拡張することになっても，除去できる制限は除去する方が良いのである．このようにして，数の概念は，歴史的にも

$$\text{自然数} \to \text{整数} \to \text{有理数} \to \text{実数} \to \text{複素数}$$

と拡張されてきたのである．

こうして，これらの拡張された新しい数は，今までの数が持っていた結合律，可換律，分配律などの形式を保存しつつ，より高度の数としての内容を持つに至ったのである．「形式的には従来のものを保存しながら，内容的にはより高度の概念に拡張していく．」この方式を 19 世紀ドイツの数学者ヘルマン・ハンケルは **形式不易の原理** と呼んだ．

因みに "不易"（不変）という言葉は，やや古いが，移ろいやすきものの中に永遠を見ようとした芭蕉の俳諧理念 "不易流行" を思い出させる．

2. 代数学の基本定理

逆演算 $b-a$ は方程式 $x+a=b$ を解くときに現れる．方程式の解法という観点から言えば，整数係数の任意の1次方程式 $ax=b$ は有理数の範囲で解ける．$x=b/a$ とすればよいからである．しかし，2次方程式 $ax^2+bx+c=0$ はたとえ完全平方の形 $X^2=A$ に直したとしても有理数の範囲で解けるとは限らない．演算として四則演算の他に開平 $\sqrt{}$ が要るばかりではなく，A の正負によって，実数ないし複素数への数概念の拡張が必要になることがあるからである．

それでは，もっと高次の方程式
$$a_0 x^n + a_1 x^{n-1} + \cdots + a_n = 0$$
を解くためには，もっと高度な数概念への拡張が必要になるだろうか？

ここで"解く"という言葉の意味を明確にしておく必要がある．まず，この言葉が，任意の n 次方程式が与えられたとき，四則演算およびベキ根を作る操作を繰り返して，実際に根を求めることを意味するならば，このような手続きは原理的に不可能である：

「$n \geq 5$ なるとき，一般 n 次方程式は四則演算とベキ根によって解くことは出来ない」(**アーベルの定理**)

しかしながら，"解く"という言葉が単に根の存在を意味するだけならば，どのような n 次方程式が与えられようともその根は複素数の範囲に存在するのである：

> **代数学の基本定理**（ガウス，1799）
> n 次の代数方程式は，重複度も数えれば，複素数の範囲で必ず n 個の根を持つ．

ここで，"代数方程式"というのは，1次以上の多項式
$$f(x) = a_0 x^n + a_1 x^{n-1} + \cdots + a_n \quad (a_0 \neq 0)$$

を 0 に等しいと置いてできる方程式 $f(x)=0$ ことであり，言い換えれば，n 次の多項式 $f(x)$ は複素数の範囲で必ず n 個の 1 次因数の積
$$f(x) = a_0(x-\alpha_1)(x-\alpha_2)\cdots(x-\alpha_n)$$
に分解できるのである．ただし，根 $\alpha_1, \alpha_2, \cdots, \alpha_n$ はその存在が保証されているに過ぎず，四則演算とベキ根によって構成的に求められるとは限らない．

上記の基本定理は，「代数方程式には少なくとも一つの複素数解が存在する」と言えば十分である．なぜなら，代数方程式 $f(x)=0$ が根 α を持てば，因数定理により，左辺は $f(x)=(x-\alpha)g(x)$ の形に因数分解され，もっと低次の代数方程式 $g(x)=0$ を得るからである．

"代数学の基本定理"のガウスによる原題名は「1 変数の任意の実多項式が 1 次または 2 次の実多項式の積に分解しうることの新しい証明」となっている．ここで"実多項式"というのは実数係数の多項式という意味で，その時代の制約からガウスは"実数の範囲"にこだわったのである．

一般に，数学では「…なるものが存在する」という形の命題を"存在定理"（existence theorem）と呼んでいる．近代的な意味での存在定理の最初のものが，当時 22 歳の青年ガウスの基本定理だったのである．

こうして，代数方程式を解くためには，複素数より高度な数概念への拡張は不必要なことがわかった．

3. ハミルトンの 4 元数

整数から有理数へ，有理数から実数へ，さらに複素数へと数の概念を拡張しても"形式不易の原理"が成り立つ．——というより，むしろ，歴史的にはこの原理が成り立つように数の概念が拡張されてきたのである．

代数方程式の解法という観点を離れて，もっと幾何学的に，直線を実数がよく表現し，平面を複素数がよく表現するように，空間をよく表現する数の体系は無いだろうか？

アイルランドの数学者ハミルトン（1805〜1865）が1843年に発見した"4元数"はこのような問題意識から生まれた．4元数（quaternion）というのは，a, b, c, d を実数とするとき，
$$a + bi + cj + dk$$
形の数のことである．ただし，i, j, k は虚数単位 $i = \sqrt{-1}$ の類似で，基本公式
$$\boxed{i^2 = j^2 = k^2 = ijk = -1}$$
を満たす新しい基底である．

この基本公式から，容易に，公式
$$\begin{cases} ij = k, & jk = i, & ki = j, \\ ji = -k, & kj = -i, & ik = -j \end{cases}$$
が証明される．したがって，4元数の乗法は可換律を満たさない．この規則によって，8個の元
$$\{\pm 1, \pm i, \pm j, \pm k\}$$
は，これだけで，乗法に関して非可換な群をなしている．

二つの4元数の和，差，積はやはり4元数であり，その意味で4元数全体の集合 H （"Hamilton" に因む）は非可換な環をなしている．さらに，0でない4元数の逆元は
$$(a+bi+cj+dk)^{-1} = \frac{1}{a^2+b^2+c^2+d^2}(a-bi-cj-dk)$$
によって与えられるから，可換律を別にすれば，4元数は体に関する全ての条件を満たしている．このように，可換律を仮定しない体を**斜体**（可除代数）という．有名な"フロベニウスの定理"は，実数体上の有限次元の斜体は，可換な R や C を別にすれば，4元数体 H に限ることを主張している．

4元数 $a + bi + cj + dk$ は $b = c = d = 0$ のときは単に実数 a であり，また $c = d = 0$ のときは複素数 $a + bi$ である．したがって，H はその部分集合として R や C を含むと考えることができる．こうして，可換律を別にすれば，ここでも"形式不易の原理"に則りながら数概念が拡張されたのである．

ファン・デル・ヴェルデンの「代数学の歴史」によれば，ハミルトンは4元

数の発見に至るまでに相当苦しんだらしい．ハミルトンは複素数を実数の対 (a, b) としてとらえたが，その類似として実数の三つ組 (a, b, c) の体系を考え，当初は $a + bi + cj$ の形から離れられなかったのである．

ハミルトンは息子アルキバルドへの手紙の中で次のように書いている．

「1843 年 10 月の初旬の日々，私が朝食に降りてくると，お前達兄弟，ウイワアム・エドワードとお前自身は私に"さて，お父さん，三つ組を掛けられますか？"と尋ねるのが常だった．それに対して私はいつも悲しげに頭を振りながら，"いや，私はただそれを加えたり引いたりできるだけだ"と答えざるを得なかった．」

その 10 月 16 日，月曜日，ハミルトンは王立アイルランド学会の会議に司会者として出席するため，夫人と一緒にローヤル・カナル（ダブリン運河）に沿って歩いていた．

「そして，彼女がときどき私と話をしたとはいえ，まだ思考の底流は私の心の中に流れていた．そして，それはついに結果を与えた．」

彼は 4 元数の基本公式

$$i^2 = j^2 = k^2 = ijk = -1$$

を発見したのである．彼はナイフで橋の石の欄干に発見したばかりの基本公式を刻みつけた．以後，彼は 4 元数を彼の生涯における最も重要な発見とみなしたのである．

ハミルトンはアイルランド王立天文学者として活躍する傍ら，幾何光学や動力学においても顕著な業績を残した．彼の 4 元数は今日では"ベクトル解析"の中に吸収され，彼が期待したほどの役割を担っていないが，彼が発見した非可換代数の存在は代数学の歴史の一つのエポック・メーキングだったことは確かである．

4. 有理数から実数へ

有理数以外の実数を"無理数"という．すなわち，二つの整数の商 b/a $(a \neq 0)$ としては表せない実数が無理数である．しかし，この定義はい

わゆる循環論法になっている．なぜなら，この定義は"実数"とは何かが定義されない限り有効ではないからである．

19世紀以降，ワイエルシュトラス，デデキント，カントールなどの大数学者達は明確な実数概念を確立しようと努力を重ねた．しかしながら，この仕事は非常に困難であった．なぜ，そこに"形式不易の原理"が成り立つのかの証明を要するからである．

たとえば，整数が分配律

$$a(b+c) = ab+ac$$

を満たすことを仮定して，有理数も分配律を満たすことを証明することは，それほど難しいことではない．分母の最小公倍数を掛けて分母を払えば，整数の場合に帰着されるからである．しかし，どのような定義を採用するにせよ，なぜ無理数も分配律を満たすのか，そもそも，無限小数と無限小数の和とは何か，積とは何か，それらをどのようして確定するのか，読者はこれを明瞭に説明できるだろうか？

今日の解析学では，デデキントの考えに基づいて，有理数の"切断"(cut)を「実数」と呼ぶ．ここで解析学とことわったのは，この考えは"極限"の概念を必要とするからである．極限も切断も我々のテーマではない．むしろ，我々は，数直線を埋め尽くす点のイメージをもって実数の概念を直感的にとらえている．この方面をもっと勉強したい読者は，解析学の書物，たとえば

小平邦彦 著　『解析入門』，岩波書店

を読むしかないが，小平氏も序文で次のように述べておられることは注目に値するだろう：

「私の見る所では．数学は実在する数学的現象を記述しているのであって，数学を理解するということは，究極において，その記述する数学的現象のイメージをいわば感覚的に把握し，形式主義では捕捉できない数学の意味を理解することである．」

さて，実数論において重要な公理に次のものがある：

> **アルキメデスの公理**
> 任意の整数 a, b に対して，$b < na$ となるような自然数 n が存在する．

　これは"測定の原理"である．なぜなら，長さ b の線分をもっと小さな長さ a の線分で測るとき，この原理が用いられるからである．すなわち，定規を n 回当てるわけである．この原理はヒルベルトが彼の実数論で公理として掲げて以来"アルキメデスの公理"と呼ばれている．この公理を用いると，次の重要な定理を証明することができる：

> **有理数の稠密性**
> 　数直線上の任意の 2 点 x, y（$x < y$ とする）の間には少なくとも一つの，従って無限個の有理数が存在する．

　稠密（ちゅうみつ）は "dense" の訳語で，ぎっしり密集している様子を表している．もし両端 x と y が有理数ならば，定理は明らかに成り立つ．なぜなら，その中点 $(x+y)/2$ も有理数であり，それらの中点もやはり有理数であり，…と無限に続けられるからである．しかし，x と y は無理数かもしれないので，この論法は通用しない．

証明　任意の実数 x, y（$x < y$）に対して，$\delta = y - x$ とおけば，アルキメデスの公理より，$1 < n\delta$ を満たす自然数 n が存在する．そこで，
$$m = [nx] \quad （nx を越えない最大の整数）$$
とおけば，
$$m \leq nx < m+1$$
が成り立つから，辺々を n で割れば
$$\frac{m}{n} \leq x < \frac{m+1}{n} = \frac{m}{n} + \frac{1}{n}.$$
この右辺はさらに

89

$$\frac{m}{n}+\frac{1}{n}<x|\delta=y$$

と続けられるから，結局，

$$x<\frac{m+1}{n}<y$$

を得る．これが求める有理数である． (了)

数直線上で，有理数がいかに稠密であろうと決して"連結"ではない．なぜなら，無理数もまた稠密であるからである．しかもカントールによれば，有理数より無理数の方が圧倒的に多い．そして，また，この定理によれば，二つの有理数の距離の最小値というものは存在しない．整数が一定の間隔で並んでいるのとは全く様相が異なるのである．

整数係数の代数方程式

$$a_0 x^n + a_1 x^{n-1} + \cdots + a_n = 0 \quad (a_0 \neq 0)$$

の根になりうる数を**代数的数**といい，なりえない数を**超越数**という．とくに，整数係数の1次方程式 $ax=b$ の根が有理数，それ以外の実数が無理数である．たとえば，$\sqrt{2}$ は2次方程式 $x^2=2$ の根であり，代数的な無理数である．

自然対数の底 $e=2.71828\cdots$ が超越数であることはエルミート（1873）が，また円周率 $\pi=3.14159\cdots$ が超越数であることはリンデマン（1882）が証明した．これらは超越的な無理数の古典的な例であるが，$e+\pi$ や $e\pi$ については超越数であることが予想されているものの，有理数であるか無理数であるかさえ解明されていない．種々の数の超越性を証明することが"ヒルベルトの第7問題"である．

このように見てくると，一口に"有理数から実数へ"と言っても，そこには文字通り超越的飛躍があり，実数論が完成するまでに，無理数を"不通約量"と呼んでいた古代からデデキントの"切断"に至る今日まで，何千年もの年月を必要とした理由がわかるのである．

代数学の話

第10話

複素数の世界

1. 複素数平面

我々は数概念を拡張して，この発展を矢線→で表すならば，

$$\text{自然数} \to \text{整数} \to \text{有理数} \to \text{実数}$$

という系列を得た．しかしながら，この拡張はまだ本当の自由郷には到達していない．というのは，これらの数は数直線上に"1次元点集合"として束縛されており，2次元の広がりを表現するのには適さないからである．

なるほど，複素数の概念は3次方程式の解法に関連して16世紀のカルダーノによって初めて導入されたが，それは"実根"を求める方便としての仮構であり，その名称も**虚数** (imaginary number) と呼ばれ，まだその本質は把握されていなかったのである．F. クラインが指摘したように，あの天才ライプニッツでさえ，1702年に次のように書いている：

「虚数は神の精神の実に見事な驚嘆すべき隠れ場所である．まさしく虚数は有と無との両棲動物である．」

複素数の世界では，18世紀はまだ夜明け前だったのである．

我々が数直線の束縛を離れて数平面の広がりに逍遥できるためには，若干の先駆は別として，19世紀のガウスの登場を待たねばならなかった．ガウスは1799年頃には"複素数平面"のアイデアを持っていたといわれるが，

出版物の形で明示されるのは 1831 年になってからのことである．こうして，今日では，実数を数直線上の一点に対応づけるように，我々は複素数 $x+iy$ を数平面上の一点 $P(x, y)$ に対応づける．この複素数平面を"ガウス平面"と呼び，通常の"デカルト平面"とは区別して用いるのである．

高木貞治はあるエッセイで，近代数学は複素数なしに理解されるものではないと，次のように注意している：

「実数のみが実用的であるというような見解は甚しい時代錯誤である．それは恰（あたか）も海がなくても陸上生活が可能であるというのと同一轍である．」

我々は複素数に対して食わず嫌いの態度を取ってはいけないのである．

ガウス以前に，18 世紀のオイラーが絶対値 1 の複素数に対する有名な"極表示"の公式を発見した：

オイラーの公式

$$e^{i\theta} = \cos\theta + i\sin\theta \quad (i^2 = -1)$$

ただし，弧度法で測られた角 θ ラジアンは絶対値 1 の複素数の偏角であり，通常，その主値 $-\pi < \theta \leq \pi$ が用いられる．

ド・モアブルの定理（第 3 話参照）によって，任意の整数 n に対して，

$$(\cos\theta + i\sin\theta)^n = \cos n\theta + i\sin n\theta$$

が成り立つが，これは指数計算の法則

$$(e^{i\theta})^n = e^{in\theta}, \quad e^{i\alpha}e^{i\beta} = e^{i(\alpha+\beta)}$$

の言い換えに過ぎない．ガウス平面上では，絶対値 1 の複素数は単位円周上の点として表され，このような二つの複素数の積の偏角は各々の偏角の和になるのである．この，整数 n は負でもよい．そこで，

$$e^{i\theta} = \cos\theta + i\sin\theta, \quad e^{-i\theta} = \cos\alpha - i\sin\theta$$

の辺々の和と差をとることにより，次の公式が得られる：

$$\cos\theta = \frac{e^{i\theta}+e^{-i\theta}}{2}, \quad \sin\theta = \frac{e^{i\theta}-e^{-i\theta}}{2i}$$

　これは解析学でもよく用いられる応用範囲の広い公式である．この公式によって，3 角関数の問題を指数関数の問題に帰着させられるからである．

例 $z+\dfrac{1}{z}=2\cos\theta$ なるとき，
$$z^n+\frac{1}{z^n} \quad (n \text{ は整数})$$
を θ の式で表せ．

$$e^{i\theta} = \cos\theta + i\sin\theta$$

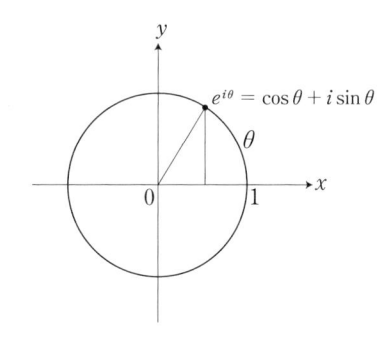

　与えられた条件より，
$$z^2-2z\cos\theta+1=0.$$
　これを解いて，
$$z = \cos\theta \pm i\sin\theta.$$
したがって，z は単位円周上にある複素数であり，両辺を n 乗すれば，ド・モアブルの定理より，
$$\begin{cases} z^n = \cos n\theta + i\sin n\theta, \\ z^{-n} = \cos n\theta - i\sin n\theta. \end{cases}$$
この問題は，実質上，$z=e^{i\theta}$ とおいているに過ぎない．

第 1 部　代数学の話

因みに，オイラーの公式で $\theta = \pi$ とおけば，

$$\boxed{e^{i\pi} = -1}$$

を得る．この式 $e^{i\pi} + 1 = 0$ は，複素数体のもっとも基本的な要素である単位元 1，零元 0，虚数単位 $i = \sqrt{-1}$，そして二つの基本的な超越数である円周率 π と自然対数の底 e が渾然と織り込まれ，しかもこれら以外の無駄なものは一つも用いられていない見事な公式である．この式は異質のものがよく溶け合って調和している美しい式である．

2. 1 の n 乗根

n 乗すると 1 になるような複素数を **1 の n 乗根**という．これは方程式 $z^n = 1$ の根であるから，複素数の範囲で n 個存在する．その中の一つは明らかに 1 自身である．以後，未知数 $z = x + iy$ は複素数の範囲で考える．

"1 の n 乗根" は単位円 $|z| = 1$ に内接する正 n 角形（中心角 $2\pi/n$）の n 個の頂点
$$\{1,\ \omega,\ \omega^2,\ \cdots,\ \omega^{n-1}\}\ (\omega^n = 1)$$
但し，$\omega^k = \cos\dfrac{2k\pi}{n} + i\sin\dfrac{2k\pi}{n}$　$(k = 0,\ 1,\ 2,\ \cdots,\ n-1)$ で与えられる．

一般に，1 の n 乗根の一つを ω（オメガ）とするとき，すべての 1 の n 乗根が
$$1,\ \omega,\ \omega^2,\ \cdots,\ \omega^{n-1}\ (\omega^n = 1)$$
の形で表されるならば，ω を **1 の原始 n 乗根**という．上記は

$$\omega = \cos\frac{2\pi}{n} + i\sin\frac{2\pi}{n}$$

とすればよいことを示している．

例 1の3乗根は方程式 $z^3-1=0$ の3個の根であり，左辺を因数分解することにより，
$$(z-1)(z^2+z+1)=0$$
$$\therefore z=1, \quad z=-\frac{1}{2}\pm\frac{\sqrt{3}}{2}i$$
として求められるが，これは単位円に内接する正3円形の頂点
$$\omega^k = \cos\frac{2k\pi}{3} + i\sin\frac{2k\pi}{3} \quad (k=0,1,2)$$
に一致する．

例 「同様にして，1の4乗根は方程式 $z^4-1=0$ の4個の根であり，左辺を因数分解して，
$$(z^2-1)(z^2+1)=0$$
$$\therefore z=\pm 1, \pm i$$
として求められるが，これは単位円に内接する正方形の頂点
$$\omega^k = \cos\frac{2k\pi}{4} + i\sin\frac{2k\pi}{4}$$
$$= \cos\frac{k\pi}{2} + i\sin\frac{k\pi}{2} \quad (k=0,1,2,3)$$
に一致する．

例 1の6乗根は単位円に内接する正6角形の頂点
$$\omega^k = \cos\frac{k\pi}{3} + i\sin\frac{k\pi}{3} \quad (k=1,2,3,4,5)$$
の頂点であり，正弦，余弦の値を考慮すれば，これらが

$$\pm 1, \ \pm\frac{1}{2}\pm\frac{\sqrt{3}}{2}i \quad (\text{復号はすべてとる})$$

になることは容易に計算できる．

一般に単位円周上では $\omega^{-1} = \overline{\omega}$ であるから，単位円に内接する正 n 角形において，実軸対称な頂点は互いに逆数である．$\omega^0 = 1$ は必ず頂点であるが，-1 は n が偶数のときに限って頂点になる．しかし，n の偶奇性にかかわらず，正 n 角形は常に実軸対称に置かれていることに注意されたい．

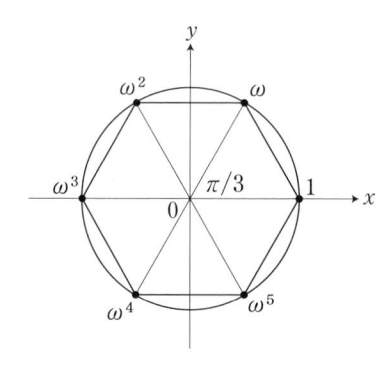

1 の n 乗根の積はやはり 1 の n 乗根である：

> 1 の n 乗根の集合
> $$\{1, \omega, \omega^2, \cdots, \omega^{n-1}\} \quad (\omega^n = 1)$$
> は乗法に関して**位数 n の巡回群**をなす．

ここで"巡回群"とはその群のすべての元が一つの元 ω の累乗で表されることを意味している．このとき，ω をその群の**生成元**という．これは ω が"1 の原始 n 乗根"であることに他ならない．

1 の n 乗根を全部加えると必ず 0 になるというのは面白い．n 個の頂点がベクトルとして釣合っているのである．

第 10 話　複素数の世界

> ω を 1 の原始 n 乗根とすれば，
> $$1+\omega+\omega^2+\cdots+\omega^{n-1}=0 \quad (\omega^n=1)$$
> が成り立つ．

証明　$1+\omega+\omega^2+\cdots+\omega^{n-1}=\dfrac{\omega^n-1}{\omega-1}$ であるが，$\omega^n=1$ より，分子 $=0$ となる． (了)

これに対して，
$$1\cdot\omega\cdot\omega^2\cdot\cdots\cdot\omega^{n-1}=\begin{cases}1 & (n \text{ が奇数})\\ -1 & (n \text{ が偶数})\end{cases}$$
となる．なぜならば，n が奇数のとき左辺の因数は 1 だけを残して，ω と ω^{n-1}，ω^2 と ω^{n-2}，のように互いに逆数として打ち消し合うし，また n が偶数のときは同様のことが ± 1 だけを残して行なわれるからである．

例　次式の値を求めよ．

(1) $\cos\dfrac{2\pi}{7}+\cos\dfrac{4\pi}{7}+\cos\dfrac{6\pi}{7}$

(2) $\cos\dfrac{2\pi}{7}\cdot\cos\dfrac{4\pi}{7}\cdot\cos\dfrac{6\pi}{7}$

(3) $\cos^2\dfrac{2\pi}{7}+\cos^2\dfrac{4\pi}{7}+\cos^2\dfrac{6\pi}{7}$

解答　前に注意したことより，一般に単位円周上の複素数 ω に対しては，その偏角を θ とすれば，
$$\cos\theta=\dfrac{\omega+\omega^{-1}}{2} \quad (\omega^{-1}=\overline{\omega})$$
が成り立つから，特に ω を 1 の原始 7 乗根とすれば，
$$\cos\dfrac{2\pi}{7}=\dfrac{\omega+\omega^6}{2},\quad \cos\dfrac{4\pi}{7}=\dfrac{\omega^2+\omega^5}{2},\quad \cos\dfrac{6\pi}{7}=\dfrac{\omega^3+\omega^4}{2}$$
となる．ここで，
$$1+\omega+\omega^2+\cdots+\omega^6=0 \quad (\omega^7=1)$$

を用いる.

(1) 与式 $= \dfrac{\omega+\omega^6}{2}+\dfrac{\omega^2+\omega^5}{2}+\dfrac{\omega^3+\omega^4}{2}$ h

$= \dfrac{\omega+\omega^2+\cdots+\omega^6}{2}=-\dfrac{1}{2}.$

(2) 与式 $= \dfrac{\omega+\omega^6}{2}\cdot\dfrac{\omega^2+\omega^5}{2}\cdot\dfrac{\omega^3+\omega^4}{2}$

$= \dfrac{1}{8}\omega^6(1+\omega^5)(1+\omega^3)(1+\omega)$

$= \dfrac{1}{8}\omega^6(1+\omega+\omega^2+\cdots+\omega^6+\omega)$

$= \dfrac{1}{8}\omega^6\cdot\omega=\dfrac{1}{8}\omega^7=\dfrac{1}{8}.$

(3) 与式 $= \dfrac{1}{4}\{(\omega+\omega^6)^2+(\omega^2+\omega^5)^2+(\omega^3+\omega^4)^2\}$

$= \dfrac{1}{4}\{(\omega^2+\omega^5+2)+(\omega^4+\omega^3+2)+(\omega^6+\omega+2)\}$

$= \dfrac{1}{4}\{5+(1+\omega+\omega^2+\cdots+\omega^6)\}$

$= \dfrac{5}{4}.$ (了)

3. 極形式の方向因子

複素数 $z=x+iy$ は,

$$\text{絶対値 } r=\sqrt{x^2+y^2}, \quad \text{偏角 } \theta$$

によって, **極形式**

$$z=re^{i\theta}=r(\cos\theta+i\sin\theta)$$

で表すことができる. ここで,

$$e^{i\theta}=\cos\theta+i\sin\theta$$

は複素数 z のベクトルとしての方向を決定するから, z の**方向因子**ということができる. これはまた動径 r の θ ラジアンだけの"回転"を表している.

ここで, 少々唐突ながら, 次の例題を考えて頂きたい.

例 x, y を実数とするとき，
$$\begin{bmatrix} x & -y \\ y & x \end{bmatrix}$$
の形をしている 2 次の正方行列の全体は，これを複素数 $x+iy$ に対応づければ，複素数体と同型な体の構造を持つ．

証明 題意の形をした任意の二つの行列を
$$A = \begin{bmatrix} a & -b \\ b & a \end{bmatrix}, \quad B = \begin{bmatrix} c & -d \\ d & c \end{bmatrix}$$
として，それらの和，差，積，商を調べる．
$$A+B = \begin{bmatrix} a+c & -(b+d) \\ b+d & a+c \end{bmatrix},$$
$$A-B = \begin{bmatrix} a-c & -(b-d) \\ b-d & a-c \end{bmatrix},$$
$$AB = \begin{bmatrix} ac-bd & -(ad+bc) \\ ad+bc & ac-bd \end{bmatrix},$$
$$A^{-1} = \frac{1}{a^2+b^2} \begin{bmatrix} a & b \\ -b & a \end{bmatrix}$$
(但し，$a^2+b^2 \neq 0$ とする)．

したがって，二つの行列 A, B をそれぞれ複素数
$$\alpha = a+ib, \quad \beta = c+id$$
に対応させれば，上記の行列の和，差，積および逆数はそれぞれ $\alpha+\beta$, $\alpha-\beta$, $\alpha\beta$, α^{-1} に対応し，命題の正しいことが証明される．　　(了)

この例題により，2 次の行列
$$\begin{bmatrix} x & -y \\ y & x \end{bmatrix} = x \begin{bmatrix} 1 & 0 \\ 0 & 1 \end{bmatrix} + y \begin{bmatrix} 0 & -1 \\ 1 & 0 \end{bmatrix}$$
は複素数 $x+iy$ に対応するから，単位元と虚数単位は，それぞれ
$$\begin{bmatrix} 1 & 0 \\ 0 & 1 \end{bmatrix} \longleftrightarrow 1, \quad \begin{bmatrix} 0 & -1 \\ 1 & 0 \end{bmatrix} \longleftrightarrow i$$
という対応をしていることが分かる．そこで，$x+iy$ の極形式
$$x+iy = r(\cos\theta + i\sin\theta)$$

但し，
$$r=\sqrt{x^2+y^2}, \quad \cos\theta=\frac{x}{r}, \quad \sin\theta=\frac{y}{r}$$
は行列
$$\begin{bmatrix} x & -y \\ y & x \end{bmatrix} = r\begin{bmatrix} \cos\theta & -\sin\theta \\ \sin\theta & \cos\theta \end{bmatrix}$$
に対応していることが分かる．

　こうして，問題の行列は相似拡大（拡大率 r）と原点のまわりの θ ラジアンの回転の合成であることが合理的に説明されるのである．

代数学の話

第11話 整数論ことはじめ

1. 初等整数論への勧誘

　代数的構造とは何かを解明するために始められたこの代数学の話も，既に10回を経過した．集合とは何かの考察から出発して，群や環，体などの代数系の話，そして，形式不易の原理を守りながら，

自然数→整数→有理数→実数→複素数

と発展してきた数概念の拡張，このようなテーマについて述べてきた．せっかく複素数の世界に到達したのだから，ここで古典的な方程式論を眺望し，ガロア理論の展望へと読者を誘うのが代数学の本筋かもしれない．

　しかしながら，この半世紀に代数学をとりまく環境が大きく様変わりした．電子計算機やデータ通信における技術分野での飛躍的な進歩が数学の様相にも大きな変化を与え，代数学も古典的な代数方程式の理論から代数系と離散構造の研究へと対象を変えてきたのである．代数学の教科書も有限体の理論やその応用を紹介する離散構造志向のものが増えてきた．

　この意味で，理系の数学を志す者は，なるべく早い時期に"初等整数論"の素養を身につけた方が良いと思う．初等整数論は初等幾何学と共に最近の学校教育の中ではどちらかというと冷遇された分野である．どちらも古代ギリシア時代からの伝統をもっているのだが，そのためにかえって，微積

分学などに比べてあまりにも古典的だというのだろうか．――しかし，じつは，初等整数論はしばしば誤解されているように単なる"高等算術"でもなければ，逆に世俗を離れて気高く身を処する"数学の女王"でもなく，教育的で，しかも有用な分野なのである．初等整数論はいろいろな具体例の宝庫であり，最近の情報通信社会では必須の教養といえるのではないだろうか．

初等整数論は，整数論の中でも特に古典的な有理整数環
$$Z = \{\cdots, -2, -1, 0, 1, 2, \cdots\}$$
の諸性質を研究しようとする基礎分野で，通常，"elementary number theory"と呼ばれている．現代数学では，このような古典的な整数を，ガウス整数 $x + iy$ やその他の代数的に定義された整数に対して区別する必要のあるときは"有理整数（有理数ではない）と呼ぶのである．この分野にはもともと"arithmetic"という立派な名称があったのだが，これが次第に初等教育における教科としての算数（算術）を意味するようになってしまったので，今日では学問としての整数論を上記のように言うようになったのである．

筆者個人としても，学生時代から，整数論は好きな分野の一つだった．高木貞治の名著『初等整数論講義』の"序論"の中の次の言葉は，今もアンダーラインが引かれ手元に残っている：

「整数論の方法は繊細である，小心である．その理想は玲瓏にして些かの陰影をも留めざる所にある．代数学でも，関数論でも，また幾何学でも，整数論的の試練を経て始めて精妙の境地に入るのである．ガウスが整数論を数学中の数学と観じたる理由ここにある．」(但し，原文は旧字体)

こうして，初等整数論は，現在のＩＴ革命の中で必須の教養であるばかりではなく，代数的構造の具体例の宝庫として，あるいは定理の証明や理解に不可欠の知識として無くてはかなわぬものである．この理由から，この講座も，今回からしばらくテーマを整数問題に絞ることにする．これは代数的構造の一層深い追求のためにも必要なことなのである．

2. 約数と倍数

整数論において，次の定理は基本的である：

> **除法定理**（整除の一意性）
> 二つの整数 $a>0$，b に対し，
> $b=qa+r$，$0\leqq r<a$ となるような**整商** q と**剰余** r が一意的に定まる．

この定理の成立する根拠はアルキメデスの公理（第 9 話参照）から来ている．すなわち，どのような 2 数 $a>0$，b が与えられようと，a によって b は測り尽くすことができるのである．つまり，
$$q=\left[\frac{b}{a}\right],\quad \text{但し } [x] \text{ は } x \text{ の整数部分}$$
である．ここで，$a>0$ とことわったのは，たとえば，
$$\frac{5}{-3}=\frac{-5}{3}=-2+\frac{1}{3}$$
のように，分母 a は常に正であると仮定しても一般性を失わないからである．

整商と剰余は俗に "商" と "余り" と言うが，どちらも整数の範囲でとらねばならない．とくに，余り r は
$$0,\ 1,\ 2,\ \cdots,\ a-1 \quad \text{（普通剰余）}$$
のどれか一つになる．

ここで，余り r が 0 になるとき，すなわち $b=qa$ と表されるとき，b は a で**整除される**（割り切れる）といい，
$$a\,|\,b$$
と記す．このとき，

a は b の**約数**，b は a の**倍数**

であるというのである．

103

注意 理論上は，たとえば 6 の約数は，正負の記号を考えて
$$\pm 1, \pm 2, \pm 3, \pm 6$$
の 8 個である．しかし，この種の議論においては約数の符号を問題にする必要はないので，正の場合だけを考えることが多い．

例 次の題意に適する 2 桁の整数を求めよ．
　(1) □□はこの二つの数字の積の 2 倍に等しい．
　(2) □□はこの二つの数字の積の 3 倍に等しい．

この種の問題は，求める整数を 10 進法で表して
$$10x + y \quad (x \neq 0,\ y \text{ は 1 桁の整数})$$
とする必要がある．

　(1) 題意より，$10x+y = 2xy$，移項して整頓すれば，$(2x-1)y = 10x$．
$$\therefore\ y = \frac{10x}{2x-1} = 5 + \frac{5}{2x-1}.$$
y が整数となるためには，$2x-1$ が 5 の約数でなければならない．可能性としては $\pm 1, \pm 5$ の 4 通りがあるが，題意に適するのは $2x-1 = 5$ の場合だけである．このとき $x = 3, y = 6$．こうして，求める整数は 36 である．

　(2) 同様にして，$10x + y = 3xy$ を解く
$$y = \frac{10x}{3x-1} = 3 + \frac{x+3}{3x-1}.$$
題意より，$3x-1$ は $x+3$ の約数でなければならないから，$3x-1 \leq x+3$ より，$x \leq 2$．したがって，$x = 1, y = 5$ または $x = 2, y = 4$ が適する．こうして求める整数は 15 または 24 である． （了）

整除の関係 $a|b$ は反射律，反対称律，推移律を満たすという意味で**半順序**の構造をもっている．（第 2 話参照）．すなわち，次の通りである：

整除関係 $a|b$ の性質

(1) 反射律　$a|a$.

(2) 反対称律　$a|b$ かつ $b|a$ ならば，$b = \pm a$.
(3) 推移律　$a|b$ かつ $b|c$ ならば，$a|c$.

もし a の倍数の全体を (a) で表せば，
$$a|b \iff (a) \supseteq (b)$$
である．こうして，整除関係 $a|b$ は集合の包含関係の言葉で表現できるのである．

整数 m の倍数の全体
$$m\mathbf{Z} = \{\cdots,\ -2m,\ -m,\ 0,\ m,\ 2m,\ \cdots\}$$
は加法，減法，乗法の三則に関して閉じている．すなわち，
$$m|a \text{ かつ } m|b \text{ ならば，} m|a \pm b,\ m|ab.$$

近代の整数論では，整数 m の倍数の全体 $m\mathbf{Z}$ を m で生成される**イデアル**と呼び，上記のように (m) で表す．とくに，
$$\text{単位イデアル } (1) = \mathbf{Z},\ \text{零イデアル } (0) = \{0\}$$
であり，$(1) \supseteq (m) \supseteq (0)$ が成り立つ．

3. 最大公約数と最小公倍数

二つの整数 a, b に共通の約数をそれらの**公約数**といい，公約数の中で最大の正のものを**最大公約数**（G.C.D.）と呼び $(a, b) = g$ と表す．それと双対的に，a, b に共通の倍数をそれらの**公倍数**といい，公倍数の中で最小の正のものを**最小公倍数**（L.C.M.）と呼び $[a, b] = l$ と表す．三つ以上の整数 $a, b, c, \cdots$ に対しても最大公約数，最小公倍数が同様に定義される．とくに，$(a, b) = 1$ のとき，a と b は**互いに素**であるであるといわれる．

> $(a, b) = g$ とすれば,
> $$a = ga', \quad b = gb', \quad (a', b') = 1$$
> と表される．このとき，$[a, b] = ga'b'$ である．

例 和が 288，最大公約数が 24 である二つの正整数を求めよ．

求める 2 数を x, y とすれば，題意より
$$x + y = 288, \quad (x, y) = 24$$
であるから，
$$x = 24x', \quad y = 24y', \quad (x', y') = 1$$
とおけば，$24(x' + y') = 288$．
$$\therefore \quad x' + y' = 12.$$
したがって，和が 12 の互いに素な 2 数 x', y' ($x' \leq y'$) を求めればよい．
$$\therefore \quad x' = 1, \quad y' = 11 \quad \text{または} \quad x' = 5, \quad y' = 7.$$
したがって，求める 2 数は 24 と 264，または 120 と 168 となる． (了)

第 9 話で詳しく述べたように，有理数は分母と分子が互いに素な分数，すなわち**既約分数**として表される．つまり，$\dfrac{b}{a}$, $(a, b) = 1$ が既約分数である．

分数計算における"約分"は分母分子の最大公約数を簡約することであり，"通分"は二つの分数をそれらの分母の最小公倍数により共通分母とすることである．すなわち，$(a, b) = g$ のとき，

約分 $\quad \dfrac{b}{a} = \dfrac{gb'}{ga'} = \dfrac{b'}{a'}, \quad (a', b') = 1.$

通分 $\quad \dfrac{1}{a} + \dfrac{1}{b} = \dfrac{a' + b'}{ga'b'}, \quad [a, b] = ga'b'.$

> 正の整数 a, b において，
> $$(a, b) = g, \quad [a, b] = l$$
> とすれば，$ab = gl$ が成り立つ．

一つの正整数 m の約数の全体は整除関係によって**束**(そく．英語 "lattice" は格子の意) の構造をもつ．次図は $m = 12$ および 30 の約数全体の作る束 (格子) である：

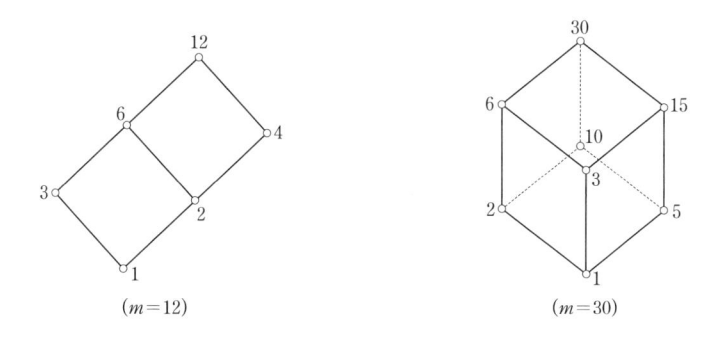

($m=12$) ($m=30$)

この格子において，どの平行四辺形においても関係式 $ab = gl$ が成り立っている事を確認してほしい．

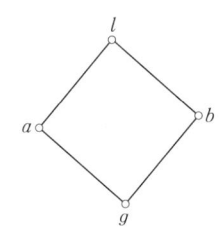

公約数と公倍数
(1) a, b の任意の公約数は最大公約数 g の約数である．
(2) a, b の任意の公倍数は最小公倍数 l の倍数である．

上の格子において，辺に沿って $(a, b) = g$ の下方にある頂点は a と b の公約数であり，g の約数である．また辺に沿って $[a, b] = l$ の上方にある頂点は a と b の公倍数であり，l の倍数である．

4. ガウスの補題

しばしば"ガウスの補題"として引用される重要な定理があるので，次に証明しておこう：

> **ガウスの補題**
> $(a, b) = 1$ のとき，$a|bc$ ならば $a|c$ である．

証明 $(a, b) = 1$ ならば，a と b の最小公倍数は ab である．仮定より $a|bc$ かつ $b|bc$ であるから，bc は a と b の公倍数である．
$$\therefore ab|bc. \text{ そこで，} b \text{を簡約すれば} a|c \text{を得る．} \tag{了}$$

例 二つの既約分数の和
$$\frac{b}{a} + \frac{d}{c} \quad (a, b, c, d \text{ は正整数})$$
が整数であるための必要十分条件を求めよ．

解答 $\dfrac{b}{a} + \dfrac{d}{c} = \dfrac{bc+ad}{ac}$．
これが整数ならば，$a|ac|bc+ad$ より，$a|bc$ となる．そこで，$(a, b) = 1$ よりガウスの補題を用いて $a|c$ を得る．同様にして，$c|ac|bc+ad$ より $c|ad$ となり，$(c, d) = 1$ より $c|a$ を得る．$\therefore a = c$．このとき
$$\frac{b}{a} + \frac{d}{c} = \frac{b+d}{a}$$
が整数になるためには $a|b+d$ でなければならない．逆に，$a = c$ かつ $a|b+d$ ならば，与式は確かに整数となる．以上より，求める条件は，$a = c$ かつ $a|b+d$ である． (了)

> $(a, b) = 1$ のとき，$a|c$ かつ $b|c$ ならば，$ab|c$ である．

第 11 話　整数論ことはじめ

証明　$c = ac'$ とおけば，$b|c$ より $b|ac'$．しかるに，$(a, b) = 1$ より，ガウスの補題を用いて，$b|c'$．したがって，$ab|ac'$．∴ $ab|c$．

なお，仮定より c は a, b の公倍数だから，a, b の最小公倍数 ab，$(a, b) = 1$ の倍数になるといってもよい．　　　　　　　　　　　　　　　　　　　　　　（了）

$$\boxed{\begin{array}{c} m \neq 0 \text{ になるとき,} \\ (ma, mb) = m(a, b) \\ [ma, mb] = m[a, b] \end{array}}$$

これは，ma, mb の公約数，公倍数が a, b のそれのすべて m 倍になるからである．

例　$\dfrac{b}{a} = \dfrac{d}{c}$ かつ $(a, c) = 1$ ならば，この分数はじつは整数であることを証明せよ．

証明　$\dfrac{b}{a} = \dfrac{d}{c} = \dfrac{q}{p}$，$(p, q) = 1$ とおく．もし $p \neq 1$ とすれば，$q \neq 0$ と仮定できるから，

$$a = \frac{pb}{q}, \quad c = \frac{pd}{q}$$

より，

$$(a, c) = \left(\frac{pb}{q}, \frac{pd}{q}\right) = p\left(\frac{b}{q}, \frac{d}{q}\right) \geq p \neq 1.$$

これは $(a, c) = 1$ に矛盾する．したがって，$p = 1$ でなければならない．

試行錯誤（Trial and error）
　整数論では，簡単な具体例を考えることは常に有意義である．

109

初等幾何学の問題を解くとき作図して考えるように，初等整数論の問題を考察するときは簡単な具体例で"実験"するとよい．それによって難問の解決に近づくことができるばかりではなく，予想外の法則や反例にぶつかることもあるのである．

代数学の話

第12話 素数の分布について

1. ユークリッドの素数定理

正の整数 a は必ず**自明な約数**（$\pm a$ と ± 1）を持つが，さらにそれ以外の"**真の約数**"も持つかもしれない．そこで，正の整数 $p \neq 1$ が自明な約数以外には約数を持たないとき，p を**素数**であるという．1 でも素数でもない正の整数 a は**合成数**と呼ばれ，a より小さな因数 b, c によって，$a = bc$ と分解される．このとき，b と c は互いに他の"**余因数**"である．もし因数が素数ならば，それは**素因数**と呼ばれる．

91 は素数ではない．$91 = 7 \times 13$ と分解されるからである．同様に 901 も素数ではない．$901 = 17 \times 53$ と分解されるからである．それでは，9001 は？

素数の判定

正整数 $a \neq 1$ が $p \leqq \sqrt{a}$ なる素因数を持たなければ，a は素数である．

たとえば，9001 は，$\sqrt{9001} = 94.87\cdots$ より小さい素因数を持たないことを確かめれば，それ以上の因数を調べなくても，素数であることが保証される．

証明 題意の条件を満たす正整数 a がもし合成数とすれば，$a = pq\cdots$ と少なくとも二つの素因数の積に分解され，それらの素因数がすべて $\sqrt{a}$ より大きくなる．すると，
$$a = pq\cdots > \sqrt{a}\sqrt{a}\cdots \geqq a$$
となり，矛盾 $a > a$ を生じる．したがって，a の素因数の少なくとも一つは $\sqrt{a}$ 以下でなければならない． (了)

こうして，たとえば 100 以下の素数をすべて求めるには，$\sqrt{100} = 10$ までの素数 2, 3, 5, 7 の倍数を 100 までの数列から除外して，残りの素数を篩い出せばよい．この方法を**エラトステネスの篩**（ふるい）という．

エラトステネスは地球の半径を算出した伝説でも知られる紀元前 250 年頃のギリシアの数学者である．

```
 1  ②  ③   4  ⑤   6
 ⑦  8   9  10  11  12
13  14  15  16  17  18
19  20  21  22  23  24
25  26  27  28  29  30
31  32  33  34  35  36
37  38  39  40  41  42
43  44  45  …   …
```

100 以下の素数

2, 3, 5, 7, 11, 13, 17, 19, 23, 29, 31, 37, 41, 43, 47, 53, 59, 61, 67, 71, 73, 79, 83, 89, 97 (25 個)．

さて，ユークリッドの『原論』(Stoichia 13 巻，B.C. 300 年頃) は幾何学の古典として有名であるが，その第 7, 8, 9 巻は整数論である．この中には，後に話題とするユークリッドの互除法などの重要な事項も含まれているが，素数に関しては特に次の 2 定理が重要である：

第 12 話　素数の分布について

> **ユークリッドの第 1 定理**
> 　積 ab が素数 p で割り切れるならば，a と b のうち少なくとも一方が p で割り切れる．

　前回，記号 $a|b$（a は b を割り切る）を定義した．この記号を用いれば，上の定理は，素数 p について，

$$\text{"}p|ab \text{ ならば，} p|a \text{ または } p|b\text{"}$$

と表すことができる．

[証明]　p は素数だから，p と a の最大公約数は p か 1 である．そこで，もし $(p, a) = p$ ならば $p|a$ となるし，また，もし $(p, a) = 1$ ならば $p|b$ となる．したがって，$p|a$ または $p|b$ が成り立つ．　　　　　　　　（了）

　この定理は p が素数でなければ必ずしも成立しない．たとえば，$12 = 3 \times 4$ は 6 で割り切れるが，3 も 4 も 6 で割り切れない．6 が素数ではないからである．

　この定理は数学的帰納法によって容易に三つ以上の整数の積についても拡張することができる．すなわち，積 $ab\cdots c$ が素数 p で割り切れるならば，$a, b, \cdots, c$ のうち少なくとも一つが p で割り切れる．

　次の定理は通常 "ユークリッドの素数定理" とよばれ，その背理法による証明は論証の典型として有名である：

> **ユークリッドの第 2 定理**
> 　　　　素数は無限個存在する．

[証明]　任意の素数 p が与えられたとき，p より大きい素数 q が必ず存在することを示せばよい．そこで，p 以下のすべての素数の積に 1 を加えて，

$$a = 2 \cdot 3 \cdot 5 \cdots p + 1$$

とおく. a は素数か合成数かのいずれかであるが, もし素数であれば明らかに p より大きいから, これを q とすればよい. また, もし a が合成数ならば, p 以下のどの素数で割っても 1 余るから, a の素因数 q は p より大きくなければならない. したがって, いずれの場合にも, p は最大の素数ではありえない. (了)

実際には, 素数 p が与えられたとき,
$$a = 2 \cdot 3 \cdot 5 \cdot \cdots \cdot p + 1$$
は素数になることも合成数になることもありうる. たとえば, $p = 13$ のとき
$$2 \cdot 3 \cdot 5 \cdot 7 \cdot 11 \cdot 13 \cdot + 1 = 30031 = 59 \cdot 509$$
で, これは合成数である.

さて, 合成数 a は, a より小さい因数 b, c によって $a = bc$ と分解されるのは前述の通りであるが, ここでもし b または c が合成数ならば, それらもさらにもっと小さい因数の積に分解される. したがって, このような分解を繰り返せば, どんな正整数 $a \neq 1$ もそれ自身が素数であるか, または, いくつかの素因数の積に分解されることになる:

> **素因数分解定理**
> 任意の正整数 $a \neq 1$ は素因数の積に順序を除けば"一意的に"分解される.

これは"初等整数論の基本定理"と呼ばれる重要な定理である. ここで, 素因数を大きさの順に
$$p_1 < p_2 < \cdots < p_r$$
と並べることにすれば, 与えられた正整数 a の素因数分解は因数の順序も含めて
$$a = p_1^{\alpha_1} p_2^{\alpha_2} \cdots p_r^{\alpha_r}$$
と完全に一意的に決まる. これを a の"標準分解"という.

2. 素数の分布

　自然数列の中に素数がどのように分布しているのかを調べる学問を"素数分布論"という．素数は古代ギリシア以来興味を持って研究されてきたが，その中には，一見簡単なようで，今日でもまだ未解決な難問も沢山ある．素数の分布状態はその疎密さがきわめて不規則であり，これが素数分布論を難しくしている原因である．

　数直線上の目盛りに素数の点をドットすれば，その分布状態はごく大雑把に言って原点から離れるほど密から疎になっている．

　差が1の素数の対（つい）は2と3だけである．なぜならば，2が唯一の偶数の素数だからである．2以外の素数は"奇素数"である．

　差が2の素数の対を**双子素数**という．双子（ふたご）はもちろん双生児で，たとえば，3と5，5と7，11と13などは双子素数である．素数の分布は密から疎になるのだから，双子素数の出現頻度は徐々に小さくなる．それでも，

$$1000000009650 \pm 1 \text{ (13桁)}$$

$$140737488353700 \pm 1 \text{ (15桁)}$$

などという大きな双子素数もある．それでは，双子素数は無限個存在するか？　これは，今日でも未解決問題である．1990年までに知られている最大の双子素数は

$$1706595 \times 2^{11235} \pm 1 \text{ (2389桁)}$$

である．

　素数の分布状態には何らかの法則があるのだろうか？
　1852年，ロシアの数学者チェビシェフは「$x > 1$とすれば，任意の区間$(x, 2x)$は少なくとも一つの素数を含む」という定理を証明した．たとえば，

$x = 2.3$ とすれば，区間 $(2.3, 4.6)$ は素数 3 を含む．弦楽器の音程からの類推で，このような区間を "オクターブ区間" ということがある．他方，素数は原点から離れるほど益々稀（まれ）になっていく．

> 素数を全く含まない任意に長い区間が存在する．

すなわち，m を任意に与えられた正整数とするとき，素数を全く含まない m 個の相続く整数が存在する．

証明 与えられた正整数 m に対し，m 個の数
$$(m+1)!+2,\ (m+1)!+3,\ \cdots,\ (m+1)!+m+1$$
を作れば，これらは順に $2, 3, \cdots, m+1$ で割り切れるから，いずれも素数ではない．したがって，素数を含まない m 個の相続く整数が存在する．（了）

このような数は区間の幅 m に比較して相当大きな数になる．たとえば，$m = 19$ とすれば，
$$(m+1)! = 20! = 2432902008176640000\ （19\text{桁}）$$
となる．実際には，長さの区間はもっと小さな数においても存在する．

一般に正の実数 x を越えない素数の個数を $\pi(x)$ で表し，**素数計数関数**と呼ぶ．この π は "prime"（素数）の頭文字に由来し，円周率ではない．たとえば，
$$\pi(100) = 25,\ \pi(1000) = 168,\ \pi(10000) = 1229$$
である．この記号を用いれば，ユークリッドの素数定理は
$$\text{"}\lim_{n\to\infty} \pi(n) = \infty\text{"}$$
と表されるだろう．

素数の出現頻度が先の方ほど小さくなるということは，相対頻度 $\pi(n)/n$ が徐々に小さくなるということである：

> **オイラーの素数定理**
>
> 自然数列の先の方では，ある数が素数である確率は殆ど 0 に等しい．すなわち，
> $$\lim_{n\to\infty}\frac{\pi(n)}{n}=0.$$

1792 年，当時 15 才のガウスは次の定理を予想した．

> **素数定理**
> $$\pi(n)\sim\frac{n}{\log n}$$

ただし，この定理の証明はそれから約 1 世紀後の 1896 年にフランスの数学者アダマールとベルギーのド・ラ・ヴァレ・プサンによって，独立に完成された．ここで，$f(x)\sim g(x)$ は

$$\lim_{x\to\infty}\frac{f(x)}{g(x)}=1$$

であることを意味し，$f(x)$ と $g(x)$ は $x\to\infty$ なるとき"漸近的に等しい"という．なお，この定理における対数は"自然対数"（底 e）である．今日，通常，"素数定理"といえば，少年ガウスの予想した上記の定理を指す．

例 「素数定理」を用いて，$\pi(1200)$ の概数を見積もれ．もし必要ならば，次の自然対数の値を用いよ．
$$\log 2=0.6932,\quad \log 3=1.0986,\quad \log 5=1.6094$$

[解答] $1200=2^4\times 3\times 5^2$ より，
$$\begin{aligned}\log 1200 &= 4\log 2+\log 3+2\log 5\\ &= 2.7728+1.0986+3.2188\\ &= 7.0902\end{aligned}$$

$$\therefore \frac{1200}{7.09} \fallingdotseq 169 \text{ 個 (真の値は 196 個)}. \tag{了}$$

3. オイラーの定数

素数定理は，実質的には，

$$\pi(n) \sim \frac{n}{1 + \frac{1}{2} + \frac{1}{3} + \cdots + \frac{1}{n}}$$

と同じである．というのは，

$$1 + \frac{1}{2} + \frac{1}{3} + \cdots \geqq \int_1^\infty \frac{dx}{x} = \infty$$
("調和級数"は発散する)

であり，上記の右辺は $n \to \infty$ のとき分母 $\to \infty$ となるが，

$$\log n \sim 1 + \frac{1}{2} + \frac{1}{3} + \cdots + \frac{1}{n}$$

となるからである．

オイラーはこの両辺の差が定数に収束することを知っていた．今日，この定数は γ（ガンマ）と書かれ，"オイラーの定数"と呼ばれているが，不思議なことにそれが有理数か否かさえ判定されていない．

オイラーの定数
$$\gamma = \lim_{n \to \infty} \left(1 + \frac{1}{2} + \cdots + \frac{1}{n} - \log n\right)$$
$$= 0.577218\cdots$$

オイラーの時代，整数 n に対して素数値だけをとる関数 $f(n)$ が探し求められていた．1772 年，オイラーは $n = 1, 2, \cdots, 40$ にたいして多項式

$$f(n) = n^2 - n + 41$$

の値がすべて素数になることを見出した．もちろん，$f(41)=41^2$ は素数ではない．素数値だけをとる多項式 $f(n)$ は存在しない：

> $n=1,2,\cdots$ に対して，素数値だけをとる整数係数の多項式 $f(n)$ は存在しない．

証明　素数値だけをとる整数係数の多項式
$$f(n)=a_0+a_1n+a_2n^2+\cdots+a_sn^s$$
が存在したと仮定する．$f(1)=p$（素数）とおく．このとき，
$$f(1+p)=a_0+a_1(1+p)+\cdots+a_s(1+p)^s$$
$$=a_0+a_1 1+\cdots+a_s 1^s+（p\text{ の倍数}）$$
$$=f(1)+（p\text{ の倍数}）．$$
$f(1)=p$ であるから，この右辺は p の倍数となり，左辺が素数であることに矛盾する． (了)

このような関数で最も有名なものはフェルマー型の素数であろう：

> **フェルマー型の素数**
> $F_n=2^{2^n}+1$ は F_0, F_1, F_2, F_3, F_4 のとき素数になる．

実際，
$$F_0=3,\quad F_1=5,\quad F_2=17,\quad F_3=257,\quad F_4=65537$$
は素数である．フェルマー自身はこの型の数がすべて素数であろうと予想したが，オイラーは
$$F_5=2^{2^5}+1=4294967297\quad（10\text{ 桁}）$$
が 641×6700417 と分解されることを見出して，フェルマーの予想を破った．現在では $5\leqq n\leqq 21$ の場合には F_n は合成数になることが解明されているが，フェルマー型の素数が上記の 5 個に限るかどうかはわかっていない．

素数の分布については奇妙な未解決問題が多い．たとえば，$11\cdots 1$ と単位

第1部　代数学の話

数 1 をいくつか並べた数を "1 の反復数" というが, 3 桁以上の 1 の反復数はすべて合成数だろうか？

$$111 = 3 \cdot 37$$
$$1111 = 11 \cdot 101$$
$$11111 = 41 \cdot 271$$
$$111111 = 3 \cdot 7 \cdot 11 \cdot 13 \cdot 37$$
$$1111111 = 239 \cdot 4649$$
$$11111111 = 11 \cdot 73 \cdot 101 \cdot 137$$
$$111111111 = 3 \cdot 3 \cdot 37 \cdot 333667$$
$$1111111111 = 11 \cdot 41 \cdot 271 \cdot 9091$$
$$11111111111 = 21649 \cdot 513239$$
$$\cdots\cdots\cdots\cdots\cdots\cdots\cdots\cdots$$

この答は "否" である．2 桁の反復数 11 の次は 19 桁のものが素数であり, さらに 23 桁, 317 桁, 1031 桁のものが素数であることが確認されている. しかし, それでは, 1 の反復数, かつ素数であるものは無限個あるのだろうか？これは未解決である．

　オイラーやガウスの時代には簡単な卓上計算機も無かった．彼らに計算機があったなら, もっと有意義な沢山の発見や予想を残したことだろう．数字の並びがどのように見えるのかは, 見る人の視点に依存している．1 の反復数は次のようにも見えるのである：

$$1 \times 9 + 2 = 11$$
$$12 \times 9 + 3 = 111$$
$$123 \times 9 + 4 = 1111$$
$$1234 \times 9 + 5 = 11111$$
$$12345 \times 9 + 6 = 111111$$
$$123456 \times 9 + 7 = 1111111$$
$$1234567 \times 9 + 8 = 11111111$$
$$12345678 \times 9 + 9 = 111111111$$
$$123456789 \times 9 + 10 = 1111111111$$

代数学の話

第13話 約数の和と完全数

1. 約数の個数

6個の約数を持つような，なるべく小さい正の整数は何か？この問題をきちんと解くためには次のような考察が必要になる．いま，p, q を相違なる素数とすれば，6個の約数を持つような整数は p^5 または p^2q の形をしている．なぜなら，

$$p^5 \text{ の約数}: 1, p, p^2, p^3, p^4, p^5 \text{ (6個)}$$
$$p^2q \text{ の約数}: 1, p, p^2, q, pq, p^2q \text{ (6個)}$$

であるし，$pqr\cdots$ の形の整数は8個以上の約数を持つからである．また，p, q は相違なるから，$p < q$ としてよい．さらに，なるべく小さい整数を求めているのだから，$p = 2, q = 3$ としてよい．ここで，

$$p^5 = 2^5 = 32, \quad p^2q = 2 \cdot 3 = 12$$

より，求める最小の整数は12となる．

第12話で述べたように，任意の正整数 $a \neq 1$ はその素因数を大小の順に $p_1 < p_2 < \cdots < p_r$ と並べれば，"素因数分解定理" によって

$$a = p_1^{\alpha_1} p_2^{\alpha_2} \cdots p_r^{\alpha_r} \text{ (標準分解)}$$

の形に一意的に分解される．このとき，次の定理が重要である：

第1部 代数学の話

> 正の整数 a の素因数分解を
> $$a = p_1^{\alpha_1} p_2^{\alpha_2} \cdots p_r^{\alpha_r} \quad (\text{標準分解})$$
> とすれば，その**約数**（ここでは正のものだけを考える）は
> $$p_1^{\beta_1} p_2^{\beta_2} \cdots p_r^{\beta_r} \quad (0 \leq \beta_i \leq \alpha_i)$$
> の形をしている．したがって，a の約数の個数は
> $$\tau(a) = (\alpha_1 + 1)(\alpha_2 + 1) \cdots (\alpha_r + 1)$$
> で与えられる．$\tau(1) = 1$ である．

たとえば，$72 \cdot 2^3 \cdot 3^2$ の約数は次の 12 個である:

$$
\begin{array}{cccc}
1 & 2 & 4 & 8 \\
3 & 6 & 12 & 24 \\
9 & 18 & 36 & 72
\end{array}
$$

τ（タウ）は正の整数 a についての関数である．一般に，正の整数 a についての関数 $f(a)$ を**整数論的関数**という．整数論的関数 $f(a)$ が条件

(1) $f(1) = 1$.

(2) a と b が互いに素ならば，$f(ab) = f(a)f(b)$ を満たすとき，関数 $f(a)$ は**乗法的**であるという．

> 約数の個数を与える関数 $\tau(a)$ は乗法的である:
> $(a, b) = 1$ ならば，$\tau(ab) = \tau(a)\tau(b)$.

定義から，"p が素数 $\Leftrightarrow \tau(p) = 2$" が成り立つ．

例 a が完全平方数ならば，a は奇数個の約数を持つことを証明せよ．

証明 $a = p_1^{\alpha_1} p_2^{\alpha_2} \cdots p_r^{\alpha_r}$（標準分解）が完全平方数ならば，素因数の指数 $\alpha_1, \alpha_2, \cdots, \alpha_r$ はすべて偶数でなければならない．したがって，a の約数の個数

$$\tau(a)=(\alpha_1+1)(\alpha_2+1)\cdots(\alpha_r+1)$$
は奇数となる．この問題は逆も成り立つ．

例 トランプのハートのカードが一組，すべて表向きに
$$A, 2, 3, \cdots, J, Q, K$$
のように並べられている．もちろん，$A=1$，$J=11$，$Q=12$，$K=13$である．いま，次の操作を順に行う：

① 1 の倍数のカードをひっくりかえす．

② 2 の倍数のカードをひっくりかえす．

....

⑬ 13 の倍数のカードをひっくりかえす．

さて，一連の操作が終了したとき，裏向きになっているカードは何枚あるか？

たとえば，カード $Q=12$ は 6 個の約数
$$1, 2, 3, 4, 6, 12$$
を持つので，この一連の操作によって 6 回ひっくりかえされる．同様にして，各カードは，そのカードの約数の個数と同じ回数だけひっくりかえされる．よって，操作が終了したとき，裏向きになっているカードは，前の例題より，完全平方数（ひっくりかえされる回数が奇数）ということになる．したがって，裏向きになっているカードは，$A=1, 4, 9$ の 3 枚である．（了）

$\tau(a)$ は単調関数ではない．そこで，その累加を
$$T(n)=\tau(1)+\tau(2)+\cdots+\tau(n)$$
とおけば，これは n の単調増加関数になる．このとき，
$$\frac{T(n)}{n} \sim \log n$$
が成り立つ．対数は自然対数（底 e）である．実際，上述のカードの例題のように，$1, 2, \cdots, 13$ の約数の個数とその累加を表にしてみる：

第1部 代数学の話

n	1	2	3	4	5	6	7	8	9	10	11	12	13
$\tau(n)$	1	2	2	3	2	4	2	4	3	4	2	6	2
$T(n)$	1	3	5	8	10	14	16	20	23	27	29	35	37

$n = 13$ のとき,
$$\frac{T(13)}{13} = \frac{37}{13} = 2.8461\cdots, \quad \log 13 = 2.5649\cdots$$
で,まずまずの近似である.次に,この定理を証明してみよう.

正の整数 a の約数の個数を $\tau(a)$ とし,
$$T(n) = \sum_{a=1}^{n} \tau(a)$$
とおけば,

(1) $T(n) = \left[\dfrac{n}{1}\right] + \left[\dfrac{n}{2}\right] + \cdots + \left[\dfrac{n}{n}\right]$,

(2) $\log n < \dfrac{T(n)}{n} < 1 + \log n \quad (n \geqq 2)$.

ただし,$[x]$ は x の整数部分を表し,log は自然対数をとるものとする.

証明 (1) xy 平面 (第1象限) において,双曲線
$$xy = a \quad (a = 1, 2, \cdots, n)$$
を描く.双曲線 $xy = a$ が通る"格子点"(x, y 座標が整数であるような点)の個数が $\tau(a)$ である.というのは,一つの格子点と a の約数 x が対応するからである.したがって,$T(n)$ は $a = 1, 2, \cdots, n$ としたときの,これらの格子点の総数であり,これは双曲線 $xy = n$ と x 軸および y 軸によって囲まれる領域に含まれる格子点 (双曲線上のものは有効であるが,軸上のものは除く) の個数になる.図は $n = 6$ の場合である:
しかるに,直線 $x = a \quad (a = 1, 2, \cdots, n)$ 上にあるこの領域内の格子点の個数は $\left[\dfrac{n}{a}\right]$ で与えられるから,
$$T(n) = \left[\frac{n}{1}\right] + \left[\frac{n}{2}\right] + \cdots + \left[\frac{n}{n}\right].$$

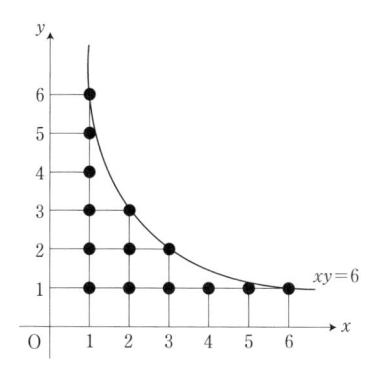

(2) 積分を利用すれば，上の考察により，

$$\int_1^n \frac{n}{x}dx < T(n) < n + \int_1^n \frac{n}{x}dx.$$

$$\therefore n\log n < T(n) < n + n\log n.$$

辺々を n で割れば題意の公式を得る．　　　　　　　　　　　　　（了）

これは，上限と下限の差が1であるから，n が大きいときは非常によい近似を与える．

2. 約数の和

正の整数 a が与えられたとき，a のすべての約数の和を求めてみよう．次の公式が基本的である：

> p^α（p は素数）の約数の和は
> $$1+p+\cdots+p^\alpha = \frac{p^{\alpha+1}-1}{p-1}.$$

ここで，等比数列（公比 p）の和の公式を用いた．

さて，p, q を相異なる素数とするとき，もし $a = p^\alpha q^\beta$ ならば，その

$(\alpha+1)(\beta+1)$ 個の約数の和は
$$\sigma(a) = (1+p+p^2+\cdots+p^\alpha)(1+q+q^2+\cdots+q^\beta)$$
と表すことができる．なぜなら，この式を展開すれば，その各項には丁度 a の約数がすべて現れるからである．もちろん，この右辺は
$$\sigma(a) = \frac{p^{\alpha+1}-1}{p-1} \cdot \frac{q^{\beta+1}-1}{q-1}$$
と表してもよい．このとき，
$$\sigma(p^\alpha q^\beta) = \sigma(p^\alpha)\sigma(q^\beta)$$
となっていることにも注意されたい．

この議論は a がもっと沢山の素因数の積に分解されるときも同様にできるから，一般に次の定理が成り立つ：

> 正の整数
> $$a = p_1^{\alpha_1} p_2^{\alpha_2} \cdots p_r^{\alpha_r} \quad \text{(標準分解)}$$
> のすべての**約数の和**は
> $$\sigma(a) = (1+p_1+\cdots+p_1^{\alpha_1}) \cdots (1+p_r+\cdots+p_r^{\alpha_r})$$
> $$= \frac{p_1^{\alpha_1+1}-1}{p_1-1} \cdots \cdots \frac{p_r^{\alpha_r+1}-1}{p_r-1}$$
> で与えられる．関数 σ（シグマ）は"乗法的"である：
> $$(a, b) = 1 \text{ ならば,} \quad \sigma(ab) = \sigma(a)\sigma(b).$$

例 前項で調べた $72 = 2^3 \cdot 3^2$ の 12 個の和は
$$\sigma(72) = (1+2+4+8)(1+3+9)$$
$$= \frac{16-1}{2-1} \cdot \frac{27-1}{3-1} = 15 \cdot 13 = 195$$
である．ここで，$\sigma(72) = \sigma(8)\sigma(9)$ となっていることも確かめられたい．

例 496 の正の約数の個数を求めよ．また，それらの約数の和を求めよ．
$496 = 2^4 \cdot 31$ であるから，

$$\tau(496) = (4+1)(1+1) = 5\cdot 2 = 10,$$
$$\sigma(496) = (2^5-1)\cdot \frac{31^2-1}{31-1} = \frac{31\cdot 30\cdot 32}{30}$$
$$= 31\cdot 32 = 992.$$

例 正の整数 a のすべての**約数の積**は $a^{\tau(a)/2}$ であることを証明せよ．ただし，$\tau(a)$ は a の約数の個数である．$a = 12$ のとき，この積はいくらか？

証明 まず $a = 12$ の場合について例証する．
12 の 6 個の約数を 2 組用意して

① 　1, 2, 3, 4, 6, 12
② 　12, 6, 4, 3, 2, 1

とする．ただし，①は約数を大小の順序に並べたもの，②はそれを逆順にしたものである．このとき，①と②の対応する項の積は $xy = 12$ の関係になっている．この関係に注意すれば，このような対が 6 組あるから，①と②の項をすべて掛ければ, (約数の積)$^2 = 12^6$ となる．

∴ 12 の約数の積 $= 12^3 = 1728$．

一般の a の場合についても同様にして証明できる．つまり，a の約数の集合を 2 組用意すれば，$xy = a$ となるような対 (x, y) が $\tau(a)$ 個できるわけである．したがって，
$$(約数の積)^2 = a^{\tau(a)}$$
を得る．この平方根をとればよい． (了)

3. メルセンヌ素数と完全数

聖フランシス派の修道士**メルセンヌ**（1588〜1647）は，勉学時代にイェズス会系の学校でデカルトと親交を結んだばかりではなく，その後，パスカル，フェルマー，ホイヘンスなど 17 世紀を代表する数学者，物理学者達と

も知り合い，これらの人達と文通を続けたことで有名である．彼のまわりにできた研究会がパリ科学アカデミー設立の基礎になったとも言われている．

さて，メルセンスの研究に因んで，
$$2^n-1 = 1+2+2^2+\cdots+2^{n-1}$$
という型の素数を**メルセンス型の素数**という．たとえば，
$$2^2-1=3,\ 2^3-1=7,\ 2^5-1=31,\ \cdots$$
はこの型の素数である．すべての n に対して 2^n-1 が素数になるわけではない．

> n が合成数ならば，2^n-1 は素数ではない．

言い換えれば，2^n-1 が素数ならば n 自身も素数でなければならない．なぜならば，$n=ab(a,\ b>1)$ とすれば，
$$2^n-1 = (2^a-1)(2^{a(b-1)}+2^{a(b-2)}+\cdots+1)$$
と分解されてしまうからである．逆は成立しない．すなわち，n が素数であるとしても，2^n-1 が素数であるとは限らない．

コンピュータ時代の到来以前に，
$$n=2,\ 3,\ 5,\ 7,\ 13,\ 17,\ 19,\ 31,\ 61,\ 89,\ 107,\ 127$$
のとき，2^n-1 は素数になることが知られていたが，因みに，
$$2^{127}-1 = 170141183460469231731687303715889105727\ (39桁)$$
である．コンピュータ時代の今日では，$n=13466917$ に対する素数が最大（4053946桁）ということである．ただし，2001年に樹立されたこの記録もいずれ破られることだろう．フェルマー型の素数と同様に，メルセンヌ型の素数についても，それが無限にあるかどうかは未解決である．

メルセンヌ型の素数は"完全数"と奇妙な関連を持っている．以下，これについて考察する．正の整数 a は，a 自身を除く約数の和がもとの a に等しいとき，言い換えれば $\sigma(a)=2a$ となるとき，**完全数**であるという．

例 $6=2\cdot 3$ の約数は 1, 2, 3, 6 であり，$1+2+3=6$ であるから，6 は

最初の完全数である．同様に，$28 = 2^2 \cdot 7$ の約数は 1, 2, 4, 7, 14, 28 であり，$1+2+4+7+14 = 28$ であるから，28 も完全数である．これらは
$$\sigma(6) = 2 \cdot 6, \quad \sigma(28) = 2 \cdot 28$$
となっていることに注意しよう．さらに，既に調べたように，$\sigma(496) = 992 = 2 \cdot 496$ であるから，496 も完全数である．

ところで，正の整数 m に対し，1 から m までの整数の和

$$\Delta(m) = 1 + 2 + \cdots + m = \frac{m(m+1)}{2}$$

は，底辺が m の **3角数** と呼ばれる．なぜならば，この個数の小石は底辺が解の正 3 角形に並べられるからである．

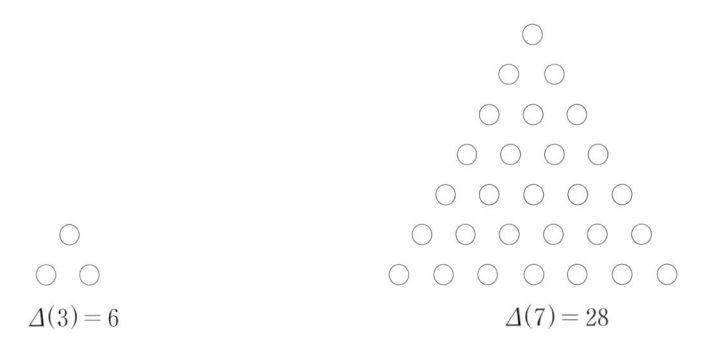

$\Delta(3) = 6$ $\Delta(7) = 28$

このとき，3 角数 $\Delta(3) = 6$，$\Delta(7) = 28$，$\Delta(31) = 496$，$\cdots$ が完全数になるのは偶然のことではない．というのは，ユークリッドが次の定理を証明したからである：

$m = 2^n - 1$ が素数ならば，
$$\Delta(m) = 2^{n-1}(2^n - 1)$$
は完全数である．

すなわち，メルセンヌ素数 $m = 2^n - 1$ を底辺とする 3 角数 $\Delta(m)$ を作れば，それは完全数である．

証明 $m = 2^n - 1$ において，
$$\Delta(m) = \frac{m(m+1)}{2} = 2^{n-1}(2^n - 1) = 2^{n-1}m$$
であるから，もし m が素数ならば，$(2^{n-1}, m) = 1$ より，
$$\sigma(\Delta(m)) = \sigma(2^{n-1}m) = \sigma(2^{n-1})\sigma(m)$$
$$= (2^n - 1)(m + 1) = m(m + 1)$$
$$= 2\Delta(m).$$
∴ $\Delta(m)$ は完全数である． (了)

約 2000 年後，オイラーはこの逆を証明した：

> 偶数の完全数は，メルセンヌ型の素数 $m = 2^n - 1$ を底辺とする 3 角数
> $$\Delta(m) = 2^{n-1}(2^n - 1)$$
> に限る．

証明 a を偶数の完全数とする．まず a は偶数だから，
$$a = 2^{n-1}m, \quad n > 1, \quad m \text{ は奇数}$$
とおける．したがって，関数 σ が乗法的なることより，
$$\sigma(a) = \sigma(2^{n-1}m) = \sigma(2^{n-1})\sigma(m)$$
$$= (2^n - 1)\sigma(m).$$
さらに a は完全数だから，定義より，
$$\sigma(a) = 2a = 2^n m.$$
$$\therefore (2^n - 1)\sigma(m) = 2^n m.$$
$$\therefore \sigma(m) = \frac{2^n m}{2^n - 1} = m + \frac{m}{2^n - 1}.$$

この右辺は整数であるから，$\frac{m}{2^n - 1}$ は m の真約数になる．すると，$\sigma(m)$

は m の二つの相異なる約数の和に等しいことになるが，$\sigma(m)$ の定義より，これは解が素数で，$\dfrac{m}{2^n-1}=1$ となることを意味する．

$$\therefore\ m=2^n-1\ (素数),\quad a=2^{n-1}(2^n-1).$$ （了）

こうして，偶数の完全数についてはユークリッドとオイラーの連携によって完全に解決されたのに，不思議なことに，奇数の完全数は一つも発見されていないし，その存在が否定されてもいない．奇数の完全数は存在するか？これは，その解決の端緒も開かれていない未解決問題である．

代数学の話

第14話 ユークリッドの互除法

1. アルゴリズム

アルゴリズム

与えられた二つの正整数 a, b の **最大公約数** (G.C.D.) を求めるには，よく知られているように，a, b を素因数分解して両者の素因数を比較し，共通因数の各々について小さい方の指数をとっていけばよい．このとき，a, b の G.C.D. は $(a, b) = g$ と記し，とくに $(a, b) = 1$ ならば，a と b は "互いに素" といわれることは第11話で詳述した．

例 231 と 525 の G.C.D. を求めよ．

これは，いわゆる "連除法" により，次々と共通因数を求めて，

$$
\begin{array}{r|rr}
3 & 231 & 525 \\
7 & 77 & 115 \\
& 11 & 25
\end{array}
$$

$$\therefore\ 231 = 3\cdot 7\cdot 11,\quad 525 = 3\cdot 5^2\cdot 7$$

と素因数分解できるから，$(231, 525) = 3\cdot 7 = 21$ である．

この場合，素因数を大きさの順に並べ，

$$231 = 3 \cdot 5^0 \cdot 7 \cdot 11$$
$$525 = 3 \cdot 5^2 \cdot 7 \cdot 11^0$$

のように，含まれていない素因数は"0乗"とみなして，共通因数の各々について大きい方の指数をとっていけば**最小公約数**(L.C.M.)が得られることも，よくご存知のことだろう．一般に，a と b の G.C.D. を g，また L.C.M. を l とすれば，$ab = gl$ が成り立つことも既に述べた．

さて，このように素因数分解による G.C.D. の求め方は，原理そのものは明瞭であるが，実用的には大きな難点がある．というのは，素因数は 2, 3, 5 のような簡単なものばかりでなく，一般に素因数分解は必ずしも容易ではないからである．たとえば，527 と 901 の G.C.D. を求めよ．——これは素因数が

$$527 = 17 \cdot 31, \quad 901 = 17 \cdot 53$$

のように 2 桁になるから，分解が上の例題より困難になる．諸君は (527, 901) = 17 が算出できただろうか？

与えられた二つの正整数 a, b の G.C.D. を素因数分解によらずに求める方法が実用的にも優れた"ユークリッドの互除法"である．この方法によれば，a, b の素因数分解をせずに，数回の割り算を実行すれば，効率よく G.C.D. を求めることができる．

ユークリッドの『原論』全13巻の第 7, 8, 9 巻が整数論であることは既に述べた (第12話)．その第 7 巻の最初に書かれている命題が有名な互除法である：

「二つの不等な数が定められ，常に大きい数から小さい数が引き去られるとき，もし単位が残されるまで，残された数が自分の前の数を割り切らないならば，最初の 2 数は互いに素であろう．」(中村幸四郎・他訳)

以下，ユクリッドの互除法を現代的に分かりやすく説明してみよう．次の定理が基本的である：

> 二つの正整数 a, b $(a < b)$ において，大きい数 b から小さい数 a を引いて，

$$(a, b) = (a, b-a)$$
としても G.C.D. は変わらない．

証明 $(a, b) = g$ として，
$$a = ga', \quad b = gb', \quad (a', b') = 1$$
とおけば，$(a', b'-a') = 1$ であるから，
$$(a, b-a) = (ga', g(b'-a'))$$
$$= g(a', b'-a') = g.$$
$$\therefore (a, b) = (a, b-a). \tag{了}$$

ユークリッドの互除法

二つの正整数 a, b $(a < b)$ の G.C.D. は次の手順（アルゴリズム）によって得られる：

① 大きい数 b を小さい数 a で整除し，
$$b = qa + r, \quad 0 \leq r < a$$
によって剰余 r を求め，
$$(a, b) = (a, r)$$
とする．もし，$r = 0$ ならば操作は終了する．

② ①において，もし $r \neq 0$ ならば，①と同様に a を r で整除し，
$$a = q_1 r + r_1, \quad 0 \leq r_1 < r$$
によって剰余 r_1 を求め，
$$(a, b) = (a, r) = (r_1, r)$$
とする．もし $r_1 = 0$ ならば操作は終了する．

③ 以上の操作を繰り返し，
$$(a, b) = (a, r) = (r_1, r) = \cdots$$
$$a > r > r_1 > \cdots \geq 0$$
なる系列を作れば，各項は整数であるから，この減少列は有限項で終り，$r_{n+1} = 0$ となる．すなわち，

$$(a, b) = \cdots = (r_n, 0) = r_n$$
となる．

①において，$(a, b) = (a, r)$ が成り立つのは，基本事項によって $(a, b) = (a, b-a)$ であるから，ここで $b-a$ が依然として a より大きければ，もう一度 a を引いてもよく，この操作を繰り返せば，結局，
$$(a, b) = (a, b-qa) = (a, r)$$
となるからである．なお，一般に
$$(a, b) = (b, a), \quad (g, 0) = g$$
であることに注意しよう．

"アルゴリズム"(algorism)というのは，問題解決に至る一連の計算手続きのことである．古来，この互除法がユークリッドのアルゴリズムとして有名である．

例 冒頭で提起した $(527, 901) = 17$ をユークリッドの互除法で求めてみよう．

$$\begin{array}{r} 4 \\ 17\overline{)68} \end{array} \begin{array}{r} 2 \\ )153 \end{array} \begin{array}{r} 2 \\ )374 \end{array} \begin{array}{r} 1 \\ )527 \end{array} \begin{array}{r} 1 \\ )901 \end{array}$$

$$\begin{array}{r} \underline{68} \\ 0 \end{array} \begin{array}{r} \underline{136} \\ 17 \end{array} \begin{array}{r} \underline{306} \\ 68 \end{array} \begin{array}{r} \underline{374} \\ 153 \end{array} \begin{array}{r} \underline{527} \\ 374 \end{array}$$

（各段階の割り算は左へ進向する．）
$$\therefore (527, 901) = 17 \quad \cdots\cdots(答)$$
すなわち，二つの数を"互いに整除して"次々に剰余を求め，
$$(527, 901) = (527, 374) = (153, 374)$$
$$= (153, 68) = (17, 68)$$
$$= (17, 9) = 17$$
としたのである．

前述のユークリッドの原文は"互いに素"になる場合について述べている．例えば，38 と 105 の G.C.D. は，

135

$$\begin{array}{r|r|r|r|r}
2 & 4 & 3 & 1 & 2 \\
1\overline{)2} &)9 &)29 &)38 &)105 \\
\hline
2 & 8 & 27 & 29 & 76 \\
0 & 1 & 2 & 9 & 29
\end{array}$$

のように，"もし単位 (1 のこと) が残されるまで，残された数 (剰余) が自分の前の数を割り切らないならば"最初の 2 数は互いに素である．

2. 応用問題

ここでユークリッドの互除法を用いるいろいろな応用問題を解いてみよう．

もともとユークリッドの記述はもっと幾何学的であった．すなわち，長さ a, b の二つの線分に対し，第三の長さ c を求め，a と b がそれぞれ c の整数倍にできるとき，c を a と b の"通約量"(公約数) という．なるべく大きい通約量を求める問題の解法が互除法に他ならない．

例　縦 1333，横 3007 の土間を同じ大きさの正方形のタイルで敷き詰めたい．なるべく大きいタイルを選ぶには一辺をいくらにすべきか？

互除法によって 1333 と 3007 の G.C.D. を求めればよい．

$$\begin{array}{r|r|r|r|r}
 & 10 & 1 & 3 & 2 \\
31\overline{)310} &)341 &)1333 &)3007 \\
\hline
 & 310 & 310 & 1023 & 2666 \\
 & 0 & 31 & 310 & 341
\end{array}$$

$\therefore (1333, 3007) = 31$　……(答)

例　前例とは逆に，縦 45，横 70 の長方形タイルを敷き詰めて，正方形の土間を作りたい．土間の一辺をいくらにすべきか？

この程度の数値ならば，連除法によって，

$$\begin{array}{r|rr}
5 & 45 & 70 \\
\hline
 & 9 & 14
\end{array}$$

$$\therefore\ 45 = 3^2 \cdot 5, \quad 70 = 2 \cdot 5 \cdot 7$$

と素因数分解できるから，45 と 70 の L.C.M. は

$$[45,\ 70] = 5 \cdot 9 \cdot 14 = 630.$$

したがって，求める土間の一辺は "630 の倍数" である．

もし素因数分解が困難な数値ならば，まず互除法によって 45 と 70 の G.C.D. を求め，L.C.M. は公式 $ab = gl$ より

$$l = \frac{ab}{g} = \frac{45 \cdot 70}{5} = 630$$

と計算すればよい．

例 ある年の初め，兄と弟は大決心をして，兄は 437 頁の本を，また弟は 391 頁の本を，毎日それぞれ自分の年令と同じ頁数ずつ読むことにした．これを元日から毎日実行したら，まもなく，兄弟は同じ日にそれぞれ決められた本を読了した．兄弟の年令と読了に要した日数を求めよ．

ユークリッドの互除法により，

$$\begin{array}{r|r|r|r} & 2 & 8 & 1 \\ 23 \overline{)} & 46 &)391 &)437 \\ & 46 & 368 & 391 \\ \hline & 0 & 23 & 46 \end{array}$$

$$\therefore\ (437,\ 391) = 23.$$

したがって，

$$437 = 19 \cdot 23, \quad 391 = 17 \cdot 23$$

と素因数分解することができる．これにより，兄は 19 才，弟は 17 才，読了に要した日数は 23 日であることが分かる．

第 11 話でも述べたように，有理数は分母と分子が互いに素な分数，すなわち**既約分数**

$$\frac{b}{a}, \quad (a,\ b) = 1$$

として表される．このとき，もし $a < b$ ならば，整除

$$b = qa+r, \quad 0 \leq r < a$$

によって，いわゆる"仮分数"を整数部分と"真分数"の和として表すことが多い．

> $$\frac{b}{a} = q + \frac{r}{a}, \quad 0 \leq r < a$$
>
> において，ユークリッドの互除法より
>
> $$\frac{b}{a} \text{ が既約} \iff \frac{r}{a} \text{ が既約}$$
>
> が成り立つ．$q = \left[\dfrac{b}{a}\right]$ は整数部分である．

例 m と n が互いに素な正整数ならば，

$$\frac{4m+9n}{3m+7n}$$

は既約分数であることを証明せよ．

ユークリッドの互除法より，
$$(3m+7n, \ 4m+9n) = (3m+7n, \ m+2n)$$
$$= (n, \ m+2n)$$
$$= (n, \ m) = 1.$$

したがって，与えられた分数は既約である．

例 $\dfrac{8n+7}{5n+6}$ が既約分数ではないのは n がどのような整数のときか？

ユークリッドの互除法より
$$(5n+6, \ 8n+7) = (5n+6, \ 3n+1)$$
$$= (2n+5, \ 3n+1)$$
$$= (2n+5, \ n-4)$$
$$= (13, \ n-4).$$

題意より，$(13, \ n-4) \neq 1$ であり，13 は素数だから，この G.C.D. は 13 に

なる．
$$\therefore\ n-4 = 13m\ (m\text{ は整数})．$$
したがって，$n = 13m+4$（m は整数）が求める条件である．

例 $\dfrac{299}{28}$ を掛けても，また $\dfrac{533}{61}$ を掛けても正整数になるような，なるべく小さい有理数を求めよ．

求める有理数を $\dfrac{b}{a}$（既約分数）とする．
$$\frac{299}{28}\cdot\frac{b}{a}\ \ \text{と}\ \ \frac{533}{61}\cdot\frac{b}{a}$$
が共に正整数のとき，分母 a はなるべく大きく，また分子 b はなるべく小さく選べば，分数 $\dfrac{b}{a}$ は最小になる．そこで，まず分母 a は 299 と 533 の G.C.D. に選ぶ．ユークリッドの互除法より $(299, 533) = 13$ である．次に，分子 b は 28 と 61 の L.C.M. に選ぶ．$(28, 61) = 1$ であるから，$[28, 61] = 28\cdot 61 = 1708$ である．したがって，$a = 13$，$b = 1708$ とすればよい．以上より，求める有理数は
$$\frac{b}{a} = \frac{1708}{13}\quad \cdots\cdots（答）$$
である．なお素因数分解の観点からいえば，
$$\frac{299}{28} = \frac{13\cdot 23}{2^2\cdot 7},\quad \frac{533}{61} = \frac{13\cdot 41}{61}$$
であるから，題意の条件を満たす最小の有理数は
$$\frac{b}{a} = \frac{2^2\cdot 7\cdot 61}{13} = \frac{1708}{13}$$
とすればよいわけである．

例 n^2+5 と $n+3$ の G.C.D. が 1 でも 2 でもないのは n がどのような整数のときか？

ユークリッドの互除法によって n^2+5 と $n+3$ の G.C.D. を求める．
$$n^2+5 = (n-3)(n+3)+14$$

に注意すれば，G.C.D. は
$$(n^2+5,\ n+3) = (14,\ n+3).$$
14 の約数は 1, 2, 7, 14 だから，$n+3 = 7m$ の形のとき，G.C.D. は 7 または 14 になる．したがって，求める条件は
$$n = 7m - 3 \quad (m \text{ は整数}) \quad \cdots\cdots(\text{答})$$
となる．ここで，G.C.D. は m が奇数ならば 7，m が偶数ならば 14 である．

例 $n = 1, 2, \cdots$ のとき，
$$n^3 - 5n^2 + 6n \quad \text{と} \quad n^2 + 5$$
の G.C.D. は n に依存して変わる．この G.C.D. の最大値を求めよ．

前例と同様にして，ユークリッドの互除法より，
$$n^3 - 5n^2 + 6n = (n-5)(n^2+5) + n + 25$$
$$n^2 + 5 = (n-25)(n+25) + 630$$
に注意すれば，二つの式の G.C.D. は
$$(n^3 - 5n^2 + 6n,\ n^2 + 5) = (n+25,\ n^2+5)$$
$$= (n+25,\ 630).$$
この公約数の最大値は 630 だから，
$$n + 25 = 630m \quad (m \text{ は正整数})$$
のとき，G.C.D. は最大値 630 をとる．この値を与える正整数 n の最小値は 605 である．

例 互いに素な二つの奇数 a, b に対して，
$$m = 11a + b, \quad n = 3a + b$$
とおくとき，m と n の G.C.D. は a と b に依存して 2, 4, 8 のいずれかになることを証明せよ．

ユークリッドの互除法より，求める G.C.D. は
$$g = (m,\ n) = (11a+b,\ 3a+b) = (8a,\ 3a+b).$$
題意より，a と b は奇数だから，m と n は偶数になり，したがって g も

偶数になる．$g=(8a,\ 3a+b)$ において g は $8a$ の約数であるが，ここで $(g,\ a)=1$ である．なぜなら，もし g と a に1より大きい公約数 c があるとすれば，c は a と $b=n-3a$ の公約数になり，$(a,\ b)=1$ に反するからである．したがって，

$$g \mid 8a \quad \text{かつ} \quad (g,\ a)=1.$$

よって，g は8の約数であるような偶数でなければならない．

$$\therefore\ g \text{ は } 2,\ 4,\ 8 \text{ のいずれかである．}$$

これらの値をとる $a,\ b$ の対はいずれも存在する．

例 正整数 $a,\ b$ が

$$123456789=(11111+a)(11111-b)$$

を満たしている．このとき，$a-b$ は正で，かつ，4の倍数であることを示せ．

与式の右辺を展開すれば，

$$123456789=123454321+11111(a-b)-ab.$$

移項して，変形すれば，

$$11111(a-b)=ab+4\cdot 617 \quad \cdots\cdots ①$$

この右辺は正だから，$a-b>0$．ここで，もし $a-b$ が奇数とすれば，①の左辺は奇数になるから，ab も奇数になる．積 ab が奇数ならば，a と b は共に奇数，したがって $a-b$ は偶数になり，これは $a-b$ が奇数であることに矛盾する．したがって，$a-b$ はもともと偶数でなければならない．すると，①より ab も偶数になる．$a-b,\ ab$ が偶数だから，a と b は共に偶数になり，結局，ab は4の倍数になる．こうして，①の右辺は4の倍数となる．左辺の11111は奇数だから，$a-b$ は4の倍数でなければならない．

与えられた等式を満たす $a,\ b$ は，たとえば，$a=298,\ b=290$ がある．すなわち，

$$123456789=11409\cdot 10821$$

である．右辺の二つの因数はどちらも3の倍数であり，素因数分解をすれ

ば，
$$123456789 = 3^2 \cdot 3803 \cdot 3607$$
となる． (了)

最後に，既約分数に関連して，次の極めて重要な定理を証明しておこう．$p=2$ のときは周知の事実である．

> p が素数のとき，$\sqrt{p}$ は有理数ではない．

証明 背理法で証明する．$\sqrt{p}$ が有理数であると仮定して，
$$\sqrt{p} = \frac{b}{a}, \quad (a, b) = 1$$
とおく．両辺を平方して分母を払えば，$pa^2 = b^2$．右辺は平方数だから，左辺も平方数でなければならない．したがって，a^2 は素因数 p を持つ．
$$\therefore \ p|a, \quad p|b.$$
これは $(a, b) = 1$ に矛盾する．以上により，$\sqrt{p}$ は有理数ではありえない．
(了)

単位正方形の対角線 $\sqrt{2}$ が有理数でないことはピタゴラスにさかのぼる発見であった．

代数学の話
第15話　連分数と黄金比

1. 連分数とは何か

　我々は，小学校以来，いろいろな形の分数に出会ってきた．まず，分子と分母が最大公約数で約分された"既約分数"から始まり，分子が分母より大きい"仮分数"や整数分数が

$$\frac{13}{5} = 2\frac{3}{5}$$

のように左側につけられた"帯分数"，そして，分子や分母に分数が含まれている複雑な形の"繁分数"などである．数学では算数のような帯分数は用いず，仮分数のままか，または必ず，

$$\frac{13}{5} = 2+\frac{3}{5}$$

のように，"整数部分"と"真分数"の和として表す．これは文字式における積 $a \cdot \frac{p}{q}$ との混乱を避けるためである．

　さて，いろいろな分野で先駆的な業績を残したオイラーは，e と π に対して次の表示を発見した：

$$e = 2 + \cfrac{1}{1 + \cfrac{1}{2 + \cfrac{2}{3 + \cfrac{3}{4 + \cfrac{4}{5 + \cdots}}}}}$$

$$\pi = \cfrac{4}{1 + \cfrac{1^2}{2 + \cfrac{3^2}{2 + \cfrac{5^2}{2 + \cfrac{7^2}{2 + \cdots}}}}}$$

　一般に，このような形の分数を"**連分数**"といい，この系列が有限で終わるものを"**有限連分数**"，また無限に続くものを"**無限連分数**"という．結局，オイラーは e や π に対して見事なパターンをもつ無限連分数表示を見つけたわけである．

　さて，整数論では，このような連分数のうち，特に

$$q_1 + \cfrac{1}{q_2 + \cfrac{1}{q_3 + \cfrac{1}{q_4 + \cfrac{1}{q_5 + \cdots}}}}$$

のように，分子に当たる数がすべて 1 であるものが重要である．この形の連分数を**正則連分数**といい，通常，

$$\langle q_1,\ q_2,\ q_3,\ q_4,\ q_5,\ \cdots \rangle$$

と略記する．以下，我々もこの記号を用い，正則な場合だけを議論する．たとえば，

$$\frac{13}{5} = 2 + \cfrac{1}{1 + \cfrac{1}{1 + \cfrac{1}{2}}} = \langle 2,\ 1,\ 1,\ 2 \rangle$$

である．

　因みに，前述の e や π の正則連分数表示は

$$e = \langle 2,\ 1,\ 2,\ 1,\ 1,\ 4,\ 1,\ 1,\ 6,\ \cdots \rangle$$
$$\pi = \langle 3,\ 7,\ 15,\ 1,\ 292,\ 1,\ 1,\ 1,\ 2,\ \cdots \rangle$$

であり，必ずしも明瞭なパターンがあるとは限らない．しかし，理論上で

も応用上でもこの方が有意義であり，以下，我々は連分数といえば"正則連分数"を意味するものとする．連分数の理論は前回の"ユークリッドの互除法"と密接な関連を持つものである．このことを次の例題で説明してみよう．

例 $\dfrac{105}{38}$ を連分数で表せ．

まず整除を実行して

$$\frac{105}{38} = 2 + \frac{29}{38}$$

とする．正則（分子に当たる数が1）にするために，逆数を用いて

$$\frac{29}{38} = \frac{1}{\dfrac{38}{29}}$$

と変形し，$\dfrac{38}{29}$ について上と同じ操作を繰り返す．すなわち，

$$\frac{105}{38} = 2 + \frac{29}{38} = 2 + \frac{1}{\dfrac{39}{29}} = 2 + \frac{1}{1 + \dfrac{9}{29}}$$

$$= 2 + \frac{1}{1 + \dfrac{1}{\dfrac{29}{9}}} = 2 + \frac{1}{1 + \dfrac{1}{3 + \dfrac{2}{9}}}$$

$$= 2 + \frac{1}{1 + \dfrac{1}{3 + \dfrac{1}{\dfrac{9}{2}}}} = 2 + \frac{1}{1 + \dfrac{1}{3 + \dfrac{1}{4 + \dfrac{1}{2}}}}$$

$$= \langle 2,\ 1,\ 3,\ 4,\ 2 \rangle$$

である．実際には，このような分数を書き連ねる必要はなく，ユークリッドの互除法を実行して，商の系列をそのまま書けばよい．このとき，互除法の計算は右から左へ進行することに注意しよう．

$$\begin{array}{ccccc}
\overset{2}{1\,\overline{)\,2}} & \overset{4}{\,)\,9} & \overset{3}{\,)\,29} & \overset{1}{\,)\,38} & \overset{2}{\,)\,105} \\[2pt]
\underline{2} & \underline{8} & \underline{27} & \underline{29} & \underline{76} \\
0 & 1 & 2 & 953 & 29
\end{array}$$

第 1 部　代数学の話

> 有理数 $\dfrac{b}{a}$ を正則連分数表示するには，ユークリッドの互除法により"商の系列"を求め，
> $$\dfrac{b}{a} = \langle q_1,\ q_2,\ \cdots,\ q_n \rangle$$
> とすればよい．

ここで，$\dfrac{b}{a}$ は既約分数でなくても同じ結果が得られるが，あらかじめ約分してから互除法を用いた方が計算が簡明である．

例　次の分数を連分数で表せ．
(1) $\dfrac{100}{18}$　(2) $\dfrac{50}{9}$　(3) $\dfrac{9}{50}$

まず $\dfrac{100}{18} = \dfrac{50}{9}$ であるから，(1) は (2) に帰着する．

$$1\overline{)4}^{\,4} \quad \overline{)5}^{\,1} \quad \overline{)9}^{\,1} \quad \overline{)50}^{\,5}$$
$$\dfrac{4}{0} \quad \dfrac{4}{1} \quad \dfrac{5}{4} \quad \dfrac{45}{5}$$

$$\therefore\ \dfrac{100}{18} = \dfrac{50}{9} = \langle 5,\ 1,\ 1,\ 4 \rangle.$$

次に，$\dfrac{9}{50}$ の整数部分は 0 であるから，

$$\dfrac{9}{50} = \dfrac{1}{\dfrac{50}{9}} = \langle 0,\ 5,\ 1,\ 1,\ 4 \rangle.$$

このように，有理数を連分数で表すには単純にユークリッドの互除法を実行すればよいが，無理数の連分数表示はもっと複雑になる．しかし，基本的な考え方は同じである．これも次の例題で説明してみよう．

例　$\sqrt{3}$ を連分数で表せ．

$\sqrt{3} = 1.732\cdots$ を整数部分と小数部分の和として表し，

$$\sqrt{3} = 1+(\sqrt{3}-1)$$

とする．この小数部分の逆数を有理化すれば，

$$\frac{1}{\sqrt{3}-1} = \frac{\sqrt{3}+1}{2} = 1 + \frac{\sqrt{3}-1}{2}$$

であるから，もとの式は

$$\sqrt{3} = 1+(\sqrt{3}-1) = 1 + \cfrac{1}{\cfrac{1}{\sqrt{3}-1}}$$

$$= 1 + \cfrac{1}{1 + \cfrac{1}{\cfrac{\sqrt{3}-1}{2}}}$$

となる．この操作を繰り返せば，

$$\frac{2}{\sqrt{3}-1} = 2+(\sqrt{3}-1)$$

であるから，

$$\sqrt{3} = 1 + \cfrac{1}{1 + \cfrac{1}{2+(\sqrt{3}-1)}}$$

となる．最後に現われた小数部分 $\sqrt{3}-1$ は最初の小数部分 $\sqrt{3}-1$ と同じであるから，以下，同一の数式が循環して，結局，

$$\sqrt{3} = \langle 1,\ 1,\ 2,\ 1,\ 2,\ \cdots \rangle$$

となる．これは $\langle 1, \dot{1}, \dot{2} \rangle$ と略記される"循環連分数"となる．ドットは循環節を示すが，上線を引くテキストもある．

同様の操作によって，読者は根号で表される次のような"2次無理数"の循環連分数表示を容易に求めることができるだろう．

$$\sqrt{2} = \langle 1, \dot{2} \rangle$$
$$\sqrt{3} = \langle 1, \dot{1}, \dot{2} \rangle$$
$$\sqrt{5} = \langle 2, \dot{4} \rangle$$
$$\sqrt{6} = \langle 2, \dot{2}, \dot{4} \rangle$$
$$\sqrt{7} = \langle 2, \dot{1}, 1, 1, \dot{4} \rangle$$

$$\sqrt{8} = \langle 2, \dot{1}, \dot{4}\rangle$$
$$\sqrt{10} = \langle 3, \dot{6}\rangle$$

> 有理数は有限連分数表示され，逆に有限連分数の値は有理数である．また，無理数は無限連分数表示され，逆に無限連分数の値は無理数である．
>
> $$\text{有理数} \longleftrightarrow \text{有限連分数}$$
> $$\text{無理数} \longleftrightarrow \text{無限連分数}$$

無限連分数には2次無理数のように循環するものもあれば，e や π のように循環しないものもある．

> 無理数 x が循環連分数に展開されるための必要十分条件は x が2次無理数であることである．

この定理において循環連分数が2次無理数になることは，オイラー（1737年）が，またその逆はラグランジュ（1770年）が証明した．正確には，整数係数の2次方程式の実根として表される無理数が **2次無理数** である．

2. 黄金比の連分数表示

黄金比 τ（タウ）とは，端的に言えば，正5角形の一辺 AD に対する対角線 AC の長さの比のことである．図において，△DAC と△BCD は相似であるから，

$$\frac{\text{AD}}{\text{AC}} = \frac{\text{CB}}{\text{CD}}$$

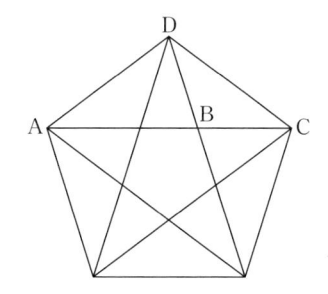

が成り立つ．そこで，一辺 AD = 1 に対する対角線 AC = τ は次の等式を満たす：
$$\frac{1}{\tau} = \frac{\tau - 1}{1}.$$
$$\therefore \tau^2 = \tau + 1.$$
この2次方程式の正根を求めれば，黄金比の値
$$\tau = \frac{1 + \sqrt{5}}{2} = 1.6180339\cdots$$
を得る．定義より，黄金比 τ は2次無理数である．

一般に，与えられた線分 AC を点 B で内分して
$$AB^2 = AC \cdot CB$$
ならしめることを"黄金分割"するという．正5角形においては AD=CD=AB であるから，上で述べた比例式がちょうど黄金分割の条件をみたしているのである．

等式 $\tau^2 = \tau + 1$ の両辺を τ で割れば，公式

$$\boxed{\tau = 1 + \frac{1}{\tau}}$$

が得られるが，これは我々にいろいろ面白い事実を知らせてくれる．まず，これは図において
$$AB = 1, \quad BC = \frac{1}{\tau}, \quad AC = \tau$$
であることに対応してる．正5角形の対角線が作る星形（ペンタグラム）は

149

小さい正5角形を内接しているが，この一辺は $\frac{1}{\tau^2}$ である．さらに，いま，初項1，公比 τ の等比数列を両側に延ばし，

$$\cdots, \frac{1}{\tau^2}, \frac{1}{\tau}, 1, \tau, \tau^2, \cdots$$

とすれば，上の公式より，隣接2項の和はその次の項に等しいことがわかる．このことは，図において，小さい正5角形の中にさらに星形を描いたりして，相似縮小，相似拡大の様子を考察することに対応している．

公式 $\tau = 1 + \frac{1}{\tau}$ の右辺は τ を含んでいるが，その τ に公式そのものを代入すれば，

$$\tau = 1 + \cfrac{1}{1+\cfrac{1}{\tau}}$$

となる．この操作を繰り返せば黄金比 τ の連分数表示

$$\tau = 1 + \cfrac{1}{1+\cfrac{1}{1+\cfrac{1}{1+\cdots}}} = \langle 1,\ 1,\ 1,\ 1,\ \cdots \rangle = \langle \dot{1} \rangle$$

を得る．これは，すべての数字が1からできている連分数として，また，無限連分数の中で最もゆるやかに収束するものとして特徴的である．

無限連分数 $\langle \dot{1} \rangle = \langle 1,\ 1,\ 1,\ \cdots \rangle$ において，有限な部分列

$$\langle 1 \rangle = 1,$$

$$\langle 1,\ 1 \rangle = 1 + \frac{1}{1} = 2,$$

$$\langle 1,\ 1,\ 1 \rangle = 1 + \cfrac{1}{1+\cfrac{1}{1}} = \frac{3}{2},$$

$$\langle 1,\ 1,\ 1,\ 1 \rangle = 1 + \cfrac{1}{1+\cfrac{1}{1+\cfrac{1}{1}}} = \frac{5}{3}$$

························

を次々に作っていくと，この分数列
$$\frac{1}{1}, \frac{2}{1}, \frac{3}{2}, \frac{5}{3}, \frac{8}{5}, \frac{13}{8}, \cdots$$
は植物学の"葉序"の理論で重要な役割を演じることで名高い．この分数列の分母は，いわゆる**フィボナッチ数列**
$$1, 1, 2, 3, 5, 8, \cdots$$
をなしており，また分子も一つだけ遅れた位相でそれを追っている．いいかえれば，フィボナッチ数列の隣接 2 項の比は極めてゆるやかに黄金比 τ に収束していく．

正 5 角形に内接する星形の無限列のように，一般に自己相似性を示す図形を"フラクタル"というが，黄金比 τ の連分数表示における循環はこの自己相似性を反映している．因みに，連分数との関連はないが，τ は多重根号による表示
$$\tau = \sqrt{1+\sqrt{1+\sqrt{1+\cdots}}}$$
も持つ．なぜならば，$\tau^2 = 1+\tau$ の両辺の平方根をとれば，τ は正より，
$$\tau = \sqrt{1+\tau}$$
となるからである．

長方形の縦と横の比は黄金比 $1:\tau$ であるとき我々の審美感覚をもっとも満足させるものとして，古代ギリシア以来，さまざまの美術や建築の様式に影響を与えてきた．黄金分割による作品はルネサンス期のレオナルド・ダ・ヴィンチの仕事にも見られるところである．ケプラーは，「幾何学は二つの大きな宝を持っている．一つはピタゴラスの定理で，もう一つは黄金分割である」と述べて，その重要性を強調している．

早世の天才エヴァリスト・ガロアは連分数にも深い興味を抱き，「循環連分数が"純循環"である条件は，それが既約な 2 次無理数であることである」という定理を証明した．ここで，"純循環連分数"とは，$\tau = \langle 1, 1, 1, \cdots \rangle$ のように数列の初項から循環節が始まるものであり，これに対して $\sqrt{3} = \langle 1, 1, 2, 1, 2, \cdots \rangle$ のように循環節以外の項を含むものを"混循環連分数"という．整数係数の 2 次方程式

$$ax^2+bx+c=0$$

の二つの根 α, β が条件

$$\alpha > 1, \quad 0 > \beta > -1$$

を満たす 2 次無理数であるとき，α と β は"既約"という．我々の黄金比 τ は 2 次方程式

$$x^2-x-1=0$$

の根

$$x = \frac{1 \pm \sqrt{5}}{2}$$

の正根 $\tau = 1.618\cdots$ であり，負根はちょうど $1-\tau = 0.618\cdots$ であるから，τ と $1-\tau$ は既約な 2 次無理数というガロアの条件を満たすのである．

　黄金比 τ が我々の審美感を満たす理由は形而上学的にもいろいろ説明されてきたが，それが，単位数 1 だけで成立する純循環正則連分数であるという理由はこの美しさの理論的根拠ではないだろうか．

代数学の話

第16話 完全剰余系と合同式

1. 完全剰余系

ある一つの正整数 m を基準に定めると，任意の整数 a は除法定理より
$$a = mk+r, \quad 0 \leq r < m$$
の形に一意的に表される．そこで，m で割ったときの剰余（余り）が r であるような整数の集合を R_r で表せば，任意の整数は共通部分の無い m 個の集合
$$R_0, R_1, R_2, \cdots, R_{m-1}$$
のどれか一つに属し，整数全体の集合 Z はこれら解個の部分に分割される：
$$Z = R_0 \cup R_1 \cup R_2 \cup \cdots \cup R_{m-1}.$$
このとき，基準にとった正整数 m を法 (modulus) といい，Z は**法** m に関して**剰余類** $R_0, R_1, R_2, \cdots, R_{m-1}$ に**類別**されるという．"modulus" は測定の基準寸法を意味するラテン語である．

例 法 $m=7$．$Z = R_0 \cup R_1 \cup R_2 \cup \cdots \cup R_6$．

R_0	R_1	R_2	R_3	R_4	R_5	R_6
$\cdots$	$\cdots$	-5	-4	-3	-2	-1
0	1	2	3	4	5	6

第 1 部　代数学の話

7	8	9	10	11	12	13
14	15	16	17	18	19	20
21	22	23	24	25	26	27
28	29	30	31	32	…	…

　カレンダーは整数全体を法 7 に関して類別している．この場合，"七曜"（日，月，火，水，木，金，土）は剰余類の名称に他ならない．もっとも，実際のカレンダーは整数の範囲に限りがあるし，曜日は年や月によってずれるのだが…．カレンダーについては，後でもう一度，例題として考察しよう．

　さて，法 m に関する剰余類 $R_0, R_1, R_2, \cdots, R_{m-1}$ の各類から一つずつ"代表"（どの元でもよい）を選び出してできる一組の代表の集まり，たとえば

$$\{0, 1, 2, \cdots, m-1\}$$

を法 m に関する**完全剰余系**という．通常，代表には負でない最小剰余が選ばれるが，場合によっては負であっても絶対値のなるべく小さい剰余が選ばれることもある．

例　法 7 に関する完全剰余系は $\{0, 1, 2, 3, 4, 5, 6\}$（**普通剰余**）であるが，$\{0, 1, 2, 3, -3, -2, -1\}$（**絶対最小剰余**）としてもよい．それどころか，さらに，すべて奇数のもの $\{7, 1, -5, 3, -3, 5, -1\}$，すべて 4 の倍数のもの $\{0, 8, -12, -4, 4, 12, -8\}$ 等も定義から法 7 に関する完全剰余系である．このように，"普通剰余"はもっとも常識的な剰余の選び方である．

　法 m に関する剰余類 $R_0, R_1, R_2, \cdots, R_{m-1}$ において，二つの整数 a, b が同じ剰余類に属しているとき，a と b は**法 m に関して合同**であるといい，**合同式**

$$a \equiv b \pmod{n}$$

で表す．ここで，$\mod m$ は "modulo m"（法 m に関して）という言葉の略記である．合同記号 $\equiv$ は法 m を指定して初めて意味を持つ記号であるか

ら，合同式の末尾には必ず $\mod m$ を付けなければならない．

以上のことは次のようにまとめられているだろう：

> 法 m に関する完全剰余系は，通常，"普通剰余"を用いて
> $$Z_m = \{0,\ 1,\ 2,\ \cdots,\ m-1\}$$
> と表される．任意の整数 a は法 m に関してこれらの剰余のどれか一つに"合同"である．

合同式 $a \equiv b \pmod{m}$ は，上で二つの整数 a, b が法 m に関する同じ剰余類に属していることと定義したが，これは a と b が m で割ったとき等しい剰余をもつことに他ならない．すなわち，標語的に言えば"合同 $\iff$ 同類 $\iff$ 等余"ということである．

例 次の数を法 15 に関して合同なものの類に分けよ：
$$-28,\ -13,\ -7,\ 1,\ 2,\ 8,\ 16,\ 77,\ 91,\ 98.$$
各数を 15 で割ったときの剰余を調べればよい．
$$1 \equiv 16 \equiv 91 \pmod{15}$$
$$-28 \equiv -13 \equiv 2 \equiv 77 \pmod{15}$$
$$-7 \equiv 8 \equiv 98 \pmod{15}$$
それぞれ剰余類 R_1, R_2, R_8 に属する．

> 合同の記号 $\equiv$ は"同値律"を満たす．すなわち，次の 3 条件を満足する．
> (1) 反射律： $a \equiv a \pmod{m}$
> (2) 対称律： $a \equiv b \pmod{m}$ ならば
> $$b \equiv a \pmod{m}$$
> (3) 推移律： $a \equiv b \pmod{m}$ かつ $b \equiv c \pmod{m}$ ならば
> $$a \equiv c \pmod{m}$$

こうして，整数全体の集合 Z は法 m に関して普通剰余 $0, 1, 2, \cdots, m-1$ に合同な整数からなる m 個の剰余類 $R_0, R_1, R_2, \cdots, R_{m-1}$ に類別されるのである．

2. 合同式の計算

合同式は等式と同様に演算 $+$，$-$，$\times$ と両立する．すなわち，二つの合同式の辺々を加えても，引いても，また掛けても，その結果はやはり合同である：

$$\begin{aligned} a &\equiv b \pmod{m} \\ c &\equiv d \pmod{m} \\ &\text{ならば,} \\ a \pm c &\equiv b \pm d \pmod{m} \\ ac &\equiv bd \pmod{m} \end{aligned}$$

したがって，とくに，同一の式の辺々を掛けた結果もやはり合同である：

$$a \equiv b \pmod{m} \text{ ならば，任意の正整数 } n \text{ に対して,}$$
$$a^n \equiv b^n \pmod{m}$$

例 $3^{89} \pmod 7$ の剰余を求めよ．

3^{89} を 7 で割ったときの剰余を求めよ，という問題である．
$$3^2 = 9 \equiv 2 \pmod 7$$
であるから，両辺を 3 乗すれば
$$3^6 \equiv 8 \equiv 1 \pmod 7$$
となる．そこで，
$$3^{89} = 3^{6 \times 14 + 5} = (3^6)^{14} \cdot 3^5 \equiv 3^5 \pmod 7.$$

3^2 は 2 と合同であったから，
$$3^{89} \equiv 3^5 \equiv 2 \cdot 2 \cdot 3 \equiv 12 \equiv 5 \pmod{7}.$$

例 ある閏（うるう）年の元日が木曜日であるならば，その年の大晦日（おおみそか）は何曜日か？

閏年は 366 日である．
$$366 = 7 \times 52 + 2 \equiv 2 \pmod{7}$$
であるから，大晦日は 1 月 2 日と同じく金曜日である．因みに，閏年は 4 の倍数年に設けられているから，2004 年は閏年である．なお，閏年でない通常の年は元旦と大晦日が必ず同じ曜日になることに注意しよう．

暦（こよみ，カレンダー）については，次の興味深い事実がある．どの年の"節句"も，たとえ閏年であっても，その年において同じ曜日になるというのである．すなわち，3 月 3 日（桃の節句）がたとえば水曜日ならば，5 月 5 日（端午の節句）も 7 月 7 日（七夕）もやはり水曜日になるのである．残念ながら，9 月 9 日（菊の節句）は一日だけずれるが，その代わり，9 月 1 日（二百十日），11 月 3 日（文化の日），12 月 1 日（師走の入り）などはやはり同じ曜日になる．——これは，これらの節句の間にちょうど 7 の倍数だけ日数があるからである．しかも，3 月以降のことであるから閏 2 月 29 日の有無は影響してこないのである．暦のこの事実は次の一般原理に基づく：

$$a \equiv b \pmod{m} \iff a - b \equiv 0 \pmod{m}$$

言い換えれば，合同式は"移項"できるのである．

合同式は，ガウスが青年期の著作『整数論研究』(1801) の巻頭第 1 頁で導入した優れた記号法である．19 世紀と共に，近代整数論はここに開幕を告げたのである．合同式による計算法は"モジュラー算法"(modular arithmetic) と呼ばれて，その後の整数論の発展に多大な貢献をした．"モジュール"(module) という言葉は，一般にも，建造物などを作る際の基準寸法の意味で使われている．

3. 約数の見つけ方

ここで，合同式の応用として，与えられた整数 a が比較的小さな正整数 m で割り切れるかどうかを判定する簡単な方法を考察してみよう．定義より，

$$m \mid a \iff a \equiv 0 \pmod{m}$$

であることに注意すれば，与えられた整数 a を法 m の関して普通剰余 r に"還元"したとき，もしそれが 0 に合同ならば，a は m で割り切れることになる．

我々が常用する整数は **10 進法**

$$a = a_0 10^n + a_1 10^{n-1} + \cdots + a_n$$

（a_0 は**首位**，　a_n は**末位**の数）

であるから，この問題は 10 の累乗が法 m に関してどのような剰余に還元されるかが眼目になる．たとえば，$m = 2$ または 5 のときは，$10 = 2 \times 5$ であるから，a は末位の数 a_n と合同になる．同様にして，$m = 4$ または 25 のときは，$100 = 4 \times 25$ であるから，a は末位 2 桁の数 $10 a_{n-1} + a_n$ と合同になる．こうして，周知の次の判定法が得られた：

約数の見つけ方
(1) 2 の倍数 $\iff$ 末位が 2 の倍数
(2) 5 の倍数 $\iff$ 末位が 5 の倍数
(3) 4 の倍数 $\iff$ 末位 2 桁が 4 の倍数
(4) 25 の倍数 $\iff$ 末位 2 桁が 25 の倍数

$m = 11$ のときは，次の判定法が効率が良い：

第16話　完全剰余系と合同式

> 法 11 に関して，与えられた整数 a は，a の各位の数に末位から順に符号 $+$，$-$ を交互につけて合計した数に合同である．

たとえば，
$$153842 \equiv -1+5-3+8-4+2 \equiv 7 \pmod{11}$$
であるから，153842 を 11 で割ったときの剰余は 7 である．証明は簡単で，a の 10 進表示において，
$$10 \equiv -1 \pmod{11}$$
となるからである．

例　法 11 に関して，与えられた整数 a は，a を末位から 2 桁ずつ区切って合計した数に合同である．

なぜならば，a の 10 進表示において，
$$100 = 99+1 \equiv 1 \pmod{11}$$
であるからである．たとえば，上記の例において，
$$153842 \equiv 15+38+42 \equiv 95 \equiv 7 \pmod{11}$$
としても同じ結果が得られる．

例　次の □ に当てはまる数字を一つ記入せよ．
(1) □1996 は 44 の倍数である．
(2) 49□ は 55 の倍数である．

[**解答**]　(1) $44 = 4 \times 11$ であるから，□1996 は 4 および 11 の倍数である．この末位 96 は 4 の倍数だから，与えられた数は □ の如何にかかわらず 4 の倍数になる．したがって，与えられた数が 11 の倍数になるように □ を埋めればよい．x を求める 1 桁の数とすれば，
$$x-1+9-9+6 = x+5 \equiv 0 \pmod{11}$$
より，$x=6$ と決定できる．実際，$61996 = 1409 \times 44$．

159

(2) $55 = 5\times 11$ であるから，$49\square\square$ は 5 および 11 の倍数である．末位 2 桁 $\square\square$ を $10x+y$ とすれば，y は 0 または 5 である．まず，$y=0$ のとき，
$$-4+9-x+0 = 5-x \equiv 0 \mod 11$$
より，$x=5$ と決定できる．実際，$4950 = 55\times 90$．

次に，$y=5$ のとき，
$$-4+9-x+0 = 5-x \equiv 0 \pmod{11}$$
であるが，x は 1 桁の数だから，この場合は該当する x は存在しない．（了）

上の例題では，次の原理が用いられている：

> $(m, n) = 1$ のとき，合同式
> $$a \equiv 0 \pmod{mn}$$
> は連立合同式
> $$a \equiv 0 \pmod{m}, \quad a \equiv 0 \pmod{n}$$
> に同値である．

それでは，m が 3 や 9 の場合の判定式は？ 次の項目で詳しく考察してみよう．

4. 九去法

与えられた正の整数 a を法 9 に関して剰余 r に還元することを**九去法**という．これは，文字通り 9 は除外するという意味で，古代中国の数学書に由来する言葉である．なぜ法 9 が他の法 m より特別に扱われたかと言えば，それは，我々の常用する整数が前述のように 10 進数だからである．

第 16 話　完全剰余系と合同式

> **九去法の原理**
>
> 　任意の整数
> $$a = a_0 10^n + a_1 10^{n-1} + \cdots + a_n$$
> は法 9 に関してその各位の **数字和**（digital sum）
> $$a_0 + a_1 + \cdots + a_n$$
> に合同である．

これは，
$$10^n \equiv 10^{n-1} \equiv \cdots \equiv 10 \equiv 1 \pmod{9}$$
より明らかなことで，たとえば，
$$345172 \equiv 3+4+5+1+7+2 \equiv 4 \pmod{9}$$
となる．数字和が 2 桁以上になったら，再びその数字和を求めればよい．この場合，計算の途中で，9 の倍数はすべて 0 とみなして除外してよい．

　整数 a を 9 で割ったときの剰余が数字和であるから，数字和が 3 の倍数ならば，もとの整数 a は 3 で割り切れる．

例　次の □ に当てはまる数字を一つ記入せよ．
(1) 463□ は 6 の倍数である．
(2) 62□□427 は 99 の倍数である．

解答　(1) $6 = 2 \times 3$ であるから，463□ は 2 および 3 の倍数である．したがって，末位 x は偶数でなければならない．さらに九去法より，
$$463\square \equiv 4+6+3+x \equiv 4+x \equiv 0 \pmod{9}$$
であるから，$4+x$ は 3 の倍数でなければならない．したがって，x は 2 または 8 と決定できる．実際，
$$4632 = 6 \times 772, \quad 4638 = 6 \times 773.$$
(2) $99 = 9 \times 11$ であるから，与えられた整数は 9 および 11 の倍数である．求める二つの数字を x, y とすれば，まず九去法より，

161

第1部 代数学の話

$$6+2+x+y+4+2+7 \equiv x+y+3 \equiv 0 \pmod 9$$
$$\therefore \quad x+y \equiv 6 \pmod 9$$

を得る．さらに，11 の倍数より，
$$6-2+x-y+4-2+7 \equiv x-y+2 \equiv 0 \pmod{11}$$
$$\therefore \quad x-y \equiv -2 \pmod{11}$$

でなければならない．この両式を満たす1桁の数 x と y は $x=2$, $y=4$ だけである．実際，
$$6224427 = 99 \times 62873. \tag{了}$$

例 2^n+1 ($n=1, 2, \cdots$) は 15 で割り切れない事を証明せよ．

解答 連立合同式
$$\begin{cases} 2^n+1 \equiv 0 \pmod 3 & \cdots\cdots ① \\ 2^n+1 \equiv 0 \pmod 5 & \cdots\cdots ② \end{cases}$$
が同時に成立することはないことを示せばよい．いま，もし①が成立するならば，
$$2^n+1 \equiv (-1)^n+1 \equiv 0 \pmod 3$$
となるから，n は奇数でなければならない．そこで，$n=2k+1$ とおく．さらに，もし②が成立するならば，
$$2^n+1 = 2^{2k+1}+1 = (2^2)^k \cdot 2+1$$
$$= 4^k \cdot 2+1 \equiv (-1)^k \cdot 2+1 \pmod 5$$
となり，この右辺は k の偶数または奇数に応じて 3 または -1 になり，決して 0 にはならないから矛盾である．以上より，①と②は同時に成立することはない． (了)

もちろん，$2^1+1=3$, $2^3+1=9$, $2^6+1=65$ であるから，①または②のいずれかを満たす n は存在する．

例 2^n-1 は n が 4 の倍数のとき 15 で割り切れることを証明せよ．

| 解答 | 前問と同様にしてもよいが，$n=4m$ とおき，m に関する数学的帰納法で証明してみよう．まず $m=1$ のとき，
$$2^4-1=16-1=15\equiv 0 \pmod{15}$$
であり，確かに正しい．ある m に対して
$$2^{4m}-1\equiv 0 \pmod{15}$$
が成り立つとすれば，
$$2^{4(m+1)}-1=(2^4)^m\cdot 2^4-1$$
$$\equiv 2^4-1\equiv 0 \pmod{15}$$
となり，これは，$m+1$ のときも成り立つことを示している．以上より，任意の $n=4m$ ($m=1, 2, \cdots$) に対して題意は正しい． (了)

なお，n が 4 の倍数のとき 2^n-1 の末位は必ず 5 になる．なぜならば，このとき 2^n-1 は 5 の倍数であるような奇数だからである．

代数学の話

第 17 話　法 p の剰余体について

1. 正則元と逆元

　前回，詳しく述べたように，一つの正整数 m を基準に定めたとき，任意の整数 a は
$$a = mk + r, \quad 0 \leq r < m$$
によって剰余 r に一意的に対応づけられる．この"法 m による還元"によって，整数 a は法 m の完全剰余系
$$Z_m = \{0,\ 1,\ 2,\ \cdots,\ m-1\}$$
のどれか一つの元と法 m に関して合同になる．

例　$10!\ (\mathrm{mod}\ 11)$ の剰余を求めよ．

解答　$10! \equiv 1\cdot 2\cdot 3\cdot 4\cdot 5\cdot 6\cdot 7\cdot 8\cdot 9\cdot 10$
$\equiv 1\cdot 2\cdot 3\cdot 4\cdot 5\cdot (-5)(-4)(-3)(-2)(-1)$
$\equiv (-1)^5 (2\cdot 3\cdot 4\cdot 5)^2 \equiv -1 \equiv 10 \pmod{11}$
$\therefore\ 10! \equiv 10 \pmod{11}$

別解　$10! \equiv 1\cdot 2\cdot 3\cdot 4\cdot 5\cdot 6\cdot 7\cdot 8\cdot 9\cdot 10$ において

$$2\cdot 6 \equiv 1, \quad 3\cdot 4 \equiv 1, \quad 5\cdot 9 \equiv 1, \quad 7\cdot 8 \equiv 1 \pmod{11}$$

となっていることに注意すれば,直ちに

$$10! \equiv 10 \pmod{11}$$

を得る. (了)

一般に,法 m の完全剰余系

$$Z_m = \{0, 1, 2, \cdots, m-1\}$$

において,元 a に対して合同式

$$ax \equiv 1 \pmod{m}$$

を満たす元 x が存在するならば,その x を法 m に関する a の**逆元**という.どの元 a も逆元を持つとは限らない.そこで,a が法 m に関する逆元を持つとき,a は法 m に関して**正則**であるという.

例 法 9 の完全剰余系

$$Z_9 = \{0, 1, 2, 3, 4, 5, 6, 7, 8\}$$

において,

$$1\cdot 1 \equiv 1, \quad 2\cdot 5 \equiv 1, \quad 4\cdot 7 \equiv 1, \quad 8\cdot 8 \equiv 1 \pmod{9}$$

であるから,1 と 8 はそれ自身が逆元であり,また,2 と 5,4 と 7 は互いに逆元である.したがって,法 9 に関して正則な元は 1, 2, 4, 5, 7, 8 である.0, 3, 6 は逆元を持たず,正則ではない.

それでは,元 a が法 m に関して正則であるための条件は何だろうか? 結論を先に言えば,この条件は a と m が "互いに素" となることである.このことを証明するために,次の補助定理を証言しておく:

> 法 m の完全剰余系
> $$Z_m = \{0, 1, 2, \cdots, m-1\}$$
> において,$(a, m) = 1$ ならば,各元を a 倍した
> $$\{0, a, 2a, \cdots, (m-1)a\}$$
> も完全剰余系である.

第 1 部　代数学の話

たとえば，上記，法 9 の完全剰余系
$$Z_9 = \{0, 1, 2, 3, 4, 5, 6, 7, 8\}$$
において，$(5, 9) = 1$ であるから，各元を 5 倍して，
$$\{0, 5, 10, 15, 20, 25, 30, 35, 40\}$$
とすれば，各元を法 9 によって還元して
$$\{0, 5, 1, 6, 2, 7, 3, 8, 4\}$$
を得る．これは集合としてもとの完全剰余系と一致する．

証明　Z_m の二つの元 i, j $(i < j)$ に対して，もし
$$ai \equiv aj \pmod{m}$$
とすれば，$aj - ai = a(j-i)$ は m の倍数になる．しかるに，$(a, m) = 1$ より，これは $j - i$ が m の倍数になることを意味する．しかし，これは $0 \leq i < j \leq m-1$ という仮定に反し，矛盾である．したがって，$i \neq j$ ならば，法 m に関して ai と aj は異なる剰余を与える．すなわち，
$$\{0, a, 2a, \cdots, (m-1)a\}$$
は法 m に関して異なる m 個の剰余からなる集合であり，完全剰余系となる．　　　　　　　　　　　　　　　　　　　　　　　　　　　（了）

法 m の完全剰余系
$$Z_m = \{0, 1, 2, \cdots, m-1\}$$
において，元 a が法 m に関して"正則"であるための条件は $(a, m) = 1$ なることである．

証明　まず $(a, m) = 1$ とする．上記の補助定理によって
$$\{0, a, 2a, \cdots, (m-1)a\}$$
は完全剰余系であるから，どれか一つの元 ax は法 m に関して 1 と合同になる．したがって，a は正則である．

次に，$(a, m) = g \neq 1$ とすれば，合同式

$$ax \equiv 1 \pmod{m}$$
には正数解 x がないことになる．なぜならば，もし解 x が存在すれば，
$$ax + my = 1$$
なる対 x, y が存在することになり．この左辺は g の倍数，右辺は g の倍数ではなく，矛盾を生じるからである．したがって，a は正則ではない．以上より，元 a が法 m に関して正則であるための必要十分条件は $(a, m) = 1$ なることが示された． (了)

法 m の完全剰余系は単に一組の剰余の集まりというだけでなく，その中で法 m に関して $+, -, \cdot$ の計算ができることが重要である：

> 法 m の完全剰余系
> $$\mathbb{Z}_m = \{0, 1, 2, \cdots, m-1\}$$
> は法 m の加法，減法，乗法に関して閉じている．すなわち，法 m の演算に関して "環" になる．これを**法 m の剰余環**と呼ぶ．

たとえば，前述の法 9 の剰余環
$$\mathbb{Z}_m = \{0, 1, 2, \cdots, m-1\}$$
において，4 と 7 の和，差，積は
$$4 + 7 = 11 \equiv 2 \pmod{9}$$
$$4 - 7 = -3 \equiv 6 \pmod{9}$$
$$4 \cdot 7 = 28 \equiv 1 \pmod{9}$$
である．また，法 9 に関して正則な元は 1, 2, 4, 5, 7, 8 であり，これらは 9 と互いに素である．

法 m の剰余環 $\mathbb{Z}_m$ において，m が素数でなければ，正則でない元 a, b に対して，

" $a \not\equiv 0, b \not\equiv 0 \pmod{m}$ ではあるが $ab \equiv 0 \pmod{m}$ "

という事態が生じる．このような a, b を**零因子**と呼ぶ．たとえば，法 9 では，3, 6 は零因子であり，

$$3 \cdot 6 = 18 \equiv 0 \pmod{9}$$
である．"零因子"は 0（ゼロ）の因数という意味である．

2. 法 p の剰余体

もし p が素数ならば，法 p の完全剰余系
$$Z_p = \{0, 1, 2, \cdots, p-1\}$$
は"体"の構造を持つ．なぜなら，これは法 p の加法，減法，乗法に関して閉じているばかりでなく，0以外の各元が法 p に関して正則になり，逆元を持つからである．この場合には"零因子"は存在しない．

> 法 p（素数）の完全剰余系
> $$Z_p = \{0, 1, 2, \cdots, p-1\}$$
> は法 p の演算に関して"体"になる．これを**法 p の剰余体**と呼ぶ．

例　法 7 の剰余体
$$Z_7 = \{0, 1, 2, 3, 4, 5, 6\}$$
において，1 と 6 はそれ自身が逆元であり，また，2 と 4, 3 と 5 は互いに逆元である．0 以外の各元は正則であり，零因子は存在しない．

ところで，Z_7 において，0 以外の各元はすべて 6 乗ずると 1 と合同になる：

$$1^6 \equiv 1 \pmod{7}$$
$$2^6 = 64 = 7 \times 9 + 1 \equiv 1 \pmod{7}$$
$$3^6 = 729 = 7 \times 104 + 1 \equiv 1 \pmod{7}$$
$$4^6 = 4096 = 7 \times 585 + 1 \equiv 1 \pmod{7}$$
$$5^6 = 15625 = 7 \times 2232 + 1 \equiv 1 \pmod{7}$$
$$6^6 = 46656 = 7 \times 6665 + 1 \equiv 1 \pmod{7}$$

もちろん，これは偶然のことではなく，一般に次の定理が成り立つ：

> **フェルマーの定理** （1640）
> p が素数，$(a, p) = 1$ ならば，
> $$a^{p-1} \equiv 1 \pmod{p}.$$

これは，近年証明されたいわゆる"フェルマーの大定理"に対して"小定理"と呼ばれるものであるが，小さいどころか初等整数論においてもっとも重要な定理の一つである．

証明 法 p の完全剰余系
$$Z_p = \{0, 1, 2, \cdots, p-1\}$$
において，$(a, p) = 1$ なる a について，
$$\{0, a, 2a, \cdots, (p-1)a\}$$
も完全剰余系であるから，0 以外の元の積は
$$a \cdot 2a \cdot \cdots \cdot (p-1)a \equiv 1 \cdot 2 \cdot \cdots \cdot (p-1) \pmod{p}$$
$$a^{p-1} \cdot 1 \cdot 2 \cdot \cdots \cdot (p-1) \equiv 1 \cdot 2 \cdot \cdots \cdot (p-1) \pmod{p}$$
ここで $1, 2, \cdots, p-1$ は正則であるから両辺から簡約できる．
$$\therefore \quad a^{p-1} \equiv 1 \pmod{p}. \tag{了}$$

注意 フェルマーの定理より，$(a, p) = 1$ のとき
$$a \cdot a^{p-2} \equiv 1 \pmod{p}$$
であるが，これは a の逆元が a^{p-2} であることを意味する．すなわち，法 p に関する a の逆元を求めるには，a^{p-2} を法 p でもっと小さな剰余に還元してやればよい．なお，
$$a^{p-1} \equiv 1 \pmod{p}$$
の両辺に a を掛ければ，仮に $a = 0$ のときでも，その結果も合同であるから，フェルマーの定理の次の"系"は $(a, p) \neq 1$ のときでも成り立つ：

第 1 部　代数学の話

$$\boxed{p \text{ が素数ならば}, \quad a^p \equiv a \pmod{p}.}$$

例　$1^{30}+2^{30}+\cdots+10^{30} \pmod{11}$

の剰余を求めよ．

解答　11 は素数であるから，フェルマーの定理より，$a=1, 2, \cdots, 10$ に対して
$$a^{30}=(a^{10})^3 \equiv 1 \pmod{11}$$
が成り立つ．したがって，
$$1^{30}+2^{30}+\cdots+10^{30} \equiv 1+1+\cdots+1 \equiv 10 \pmod{11}$$
を得る． (了)

例　$11\cdots 1$ の形の整数を "1 の反復数" と呼ぶ（第 12 話参照）．次のことを証明せよ：
(1) $11\cdots 1$（$2n$ 桁）は 11 の倍数である．
(2) $11\cdots 1$（$3n$ 桁）は 3 の倍数である．
(3) p が 7 以上の素数ならば，
$$11\cdots 1 \, (p-1 \text{ 桁})$$
は p の倍数である．

解答　(1) $100=99+1 \equiv 1 \pmod{11}$ であるから，
$$11\cdots 1 \equiv 11+11+\cdots+11 \equiv 0 \pmod{11}.$$
(2) $1000=999+1 \equiv 1 \pmod{3}$ であるから，
$$11\cdots 1 \equiv 111+111+\cdots+111 \equiv 0 \pmod{3}.$$
(3) $p \neq 2, 3, 5$ より，$(10, p)=1$．フェルマーの定理より，
$$10^{p-1} \equiv 1 \pmod{p}$$
であるから，移項して，

$$10^{p-1}-1 \equiv 0 \pmod{p}.$$
$$\therefore\ 99\cdots 9 \equiv 0 \pmod{p}.$$
$p \neq 3$ より,法 p に関して 9 は逆元を持つから,両辺を 9 で簡約できる.
$$\therefore\ 11\cdots 1 \equiv 0 \pmod{p}. \tag{了}$$
今回の話の冒頭で,
$$10! \equiv 10 \pmod{11}$$
という例題を考察した.そのとき,法 11 に関して,1 と 10 はそれ自身が逆元であり,また,2 と 6,3 と 4,5 と 9,7 と 8 の対はそれぞれ互いに逆元であることを注意した.この事実は一般にも成り立つ:

> **ウィルソンの定理**(1770)
> p が素数ならば,
> $$(p-1)! \equiv p-1 \pmod{p}$$

この定理の略証は次の通りである.法 p の完全剰余系
$$\mathbf{Z}_p = \{0,\ 1,\ 2,\ \cdots,\ p-1\}$$
において,0 以外の各元は逆元を持ち,しかも 1 と $p-1$ 以外の各元は互いに逆な 2 元が対になって相殺するから,結局,
$$(p-1)! \equiv p-1 \pmod{p}$$
となるのである.

ウィルソンの定理は逆も成り立つ.なぜなら,
$$(p-1)! \equiv p-1 \pmod{p}$$
において,もし p が自明でない約数 q $(1 < q < p)$ を持つとすれば,法 q の合同式
$$(p-1)! \equiv p-1 \pmod{q}$$
も正しいことになり,$q < p$ より
$$(p-1)! \equiv q!(q+1)\cdots(p-1) \equiv 0 \pmod{q}$$
に矛盾する.したがって,p は素数でなければならないからである.

ウィルソンの定理において，合同式
$$(p-1)! \equiv p-1 \pmod{p}$$
の両辺を $p-1$ で簡約すれば，次の"系"を得る：

> **ライプニッツの定理**
> p が素数ならば，
> $$(p-2)! \equiv 1 \pmod{p}.$$

もちろん，ライプニッツはこのような文脈で，この定理を述べたのではない．階乗記号も合同式ももっと後世のものである．ちょうど 17 世紀の幕開き 1601 年に生まれたフェルマーに対し，ライプニッツは 1646 年に，またウィルソンは 1741 年に生まれている．

3. 1 次合同式の解法

一般に，未知数 x に関する合同式
$$ax \equiv c \pmod{m}$$
を持たす整数解 x を求めることを 1 次合同式を解くという．このとき，$(a, m) = 1$ ならば，この合同式は簡単に解くことができる．なぜなら，法 m に関する a の逆元 a' を両辺に掛ければ，解
$$x \equiv a'c \pmod{m}$$
が得られるからである．この解は法 m に関して一意的である．

例 次の 1 次合同式を解け：
(1) $5x \equiv 2 \pmod{7}$
(2) $4x \equiv 5 \pmod{7}$

解答 (1) 両辺を 3 倍して，

$$15x \equiv 6 \pmod 7$$
$$\therefore \ x \equiv 6 \pmod 7$$

(2) 同様に，両辺を 2 倍して，
$$8x \equiv 10 \pmod 7$$
$$\therefore \ x \equiv 3 \pmod 7$$
(了)

例 ある年の K 氏よりの年賀状：「私も孫も○○どしですが，私は孫の年令の 6 倍より 2 才も歳を取りました．」さて，K 氏はそのとき何才だったか？

解答 孫の年令を x 才とする．題意より
$$6x+2 \equiv x \pmod{12}$$
$$5x \equiv -2 \pmod{12}$$
$$5x \equiv 10 \pmod{12}$$
法 12 に関して 5 は正則だから，両辺を 5 で簡約して，
$$x \equiv 2 \pmod{12}$$
$$\therefore \ x = 2 + 12t \ (t \text{ は整数})$$
題意より，$x = 14$ と決定できる．したがって，K 氏の年令は 86 才であった．

例 175 円切手と 60 円切手を何枚かずつ買って丁度 1000 円払った．それぞれ何枚買ったか？

解答 175 円切手と 60 円切手をそれぞれ x, y 枚買ったとする．題意より，
$$175x + 60y = 1000.$$
両辺を 5 で割って，
$$35x + 12y = 200 \quad \cdots\cdots ①$$
法 12 で還元すれば，

第 1 部　代数学の話

$$35x \equiv 200 \pmod{12}$$
$$11x \equiv 8 \pmod{12}$$

$11 \equiv -1 \pmod{12}$ であることに注意すれば，

$$x \equiv -8 \pmod{12}$$
$$x \equiv 4 \pmod{12}$$
$$\therefore\ x = 4 + 12t\ (t\ \text{は整数})$$

①に代入して

$$y = 5 - 35t.$$

題意より $t = 0$，つまり，$x = 4, y = 5$ と決定できる．したがって，175 円切手を 4 枚，60 円切手を 5 枚買った．　　　　　　　　　　　　　　（了）

例　$6\square 1$ は 7 の倍数である．$\square$ は何か？

[**解答**]　$601 + 10x \equiv 0 \pmod{7}$

を解く．$601 \equiv 6,\ 10 \equiv 3 \pmod{7}$ より，

$$6 + 3x \equiv 0 \pmod{7}$$
$$3x \equiv -6 \pmod{7}$$

両辺を 3 で簡約して，

$$x \equiv -2 \pmod{7}$$
$$\therefore\ x \equiv 5 \pmod{7}$$

題意より，$x = 5$ と決定できる．　　　　　　　　　　　　　　　　　　　（了）

[**エピローグ**]　群，環，体などの代数系の話，数概念の発展の話，とくに後半の法 m の剰余環の話など，それぞれ面白く読んで戴けたのではないでしょうか．これによって"代数的構造とは何か？"がよく分かったのでは，と期待しています．

第二部 代数学MENU

Section 1

数直線上の問題

　数直線は座標平面より次元が低いからといって,決して軽んじてはならない.数直線上の問題は,2次元,3次元を初めとするすべての解析幾何学の基礎になっているからである.考えてみれば,実数に関する問題はすべて"数直線上の問題"である.とくに,不等式に関する問題は数直線を描いて考察すると直観が働くようになる.数直線上の点Pに実数xを対応させて,点$P(x)$と表す.これはxy平面上の点を$P(x, y)$と表すのと同様である.まず,次の基本問題から始めよう.

問題1

　数直線上に2点$A(a)$, $B(b)$ $(a<b)$がある.任意の正数m, nに対して,線分ABを$m:n$に内分する点Pの座標は

$$\frac{mb+na}{m+n}$$

であることを証明せよ.

　a, bの位置をとり違えないように注意してほしい.

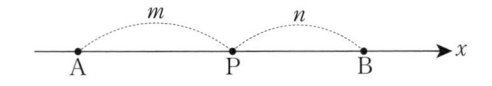

解答 Pの座標を x とすれば，$a<b$ に注意して，
$$\overline{\mathrm{PA}}/\overline{\mathrm{BP}} = \frac{x-a}{b-a} = \frac{m}{n}.$$
分母を払って，x について解けば，
$$x = \frac{mb+na}{m+n}.$$

注意 この問題に対して，次の定理がある：
「二つの実数 a, b $(a<b)$ がある．任意の正数 m, n に対して，不等式
$$a < \frac{mb+na}{m+n} < b$$
が成り立つ．」

この定理は，もし上の問題が使えるのであれば，"内分"という幾何学的な意味から当然であるが，計算によって証明するのであれば，定石通り差をとって，
$$b - \frac{mb+na}{m+n} = \frac{n(b-a)}{m+n} > 0,$$
$$\frac{mb+na}{m+n} - a = \frac{m(b-a)}{m+n} > 0$$
とすればよい．

なお，この問題で $m=n$ とすれば，2点 A, B の中点の座標が得られる．すなわち，次の定理が成り立つ：
「数直線上の2点 A(a), B(b) $(a<b)$ の**中点**の座標は
$$\frac{a+b}{2}$$
である．」

これがいわゆる a と b の**算術平均**（相加平均）である．これと比較するために次の問題を考えてみよう．問題の性質上，a と b は正数とことわっておく．

第2部　代数学 MENU

> ◆ **問題 2**
>
> 数直線上に 2 点 A(a), B(b) ($0<a<b$) がある．いま，線分 AB を $a:b$ に内分する点を C(c) とするとき，次の問に答えよ．
> (1) 点 C の座標 c を求めよ．
> (2) 点 C は 2 点 A, B の中点より右（数直線の正の方向）にあるか．
> (3) 点 C の座標が $c=4$ になるような正の整数 a, b を求めよ．

解答　(1) 問題 1 によって，
$$c=\frac{ab+ba}{a+b}=\frac{2ab}{a+b}.$$

(2) 2 点 A, B の中点は線分 AB を 1:1 に内分する点であり，点 C は $a:b$ ($a<b$) に内分する点であるから，当然，点 C が中点より右に来ることはない．

別証
$$\frac{a+b}{2}-\frac{2ab}{a+b}=\frac{(a+b)^2-4ab}{2(a+b)}=\frac{(a-b)^2}{2(a+b)}>0.$$
$$\therefore \quad \frac{a+b}{2}>\frac{2ab}{a+b}.$$

(3) $\dfrac{2ab}{a+b}=4$ より，$ab=2(a+b)$．
$$\therefore \quad (a-2)(b-2)=4.$$
条件 $0<a<b$ のもとで，これをみたす正の整数 a, b は
$$a=3, \quad b=6$$
に限る．

注意　二つの正数 a, b に対して，
$$c=\frac{2ab}{a+b}$$
を a と b の**調和平均**という．これは，

178

$$\frac{1}{c} = \frac{1}{2}\left(\frac{1}{a} + \frac{1}{b}\right)$$

とも表される．すなわち，a と b の逆数の算術平均が c の逆数になっている．よく知られているように，調和平均は，a と b の**幾何平均**（相乗平均）

$$\sqrt{ab}$$

よりも小さく，一般に，正数 a, b に対して，

$$\frac{a+b}{2} \geqq \sqrt{ab} \geqq \frac{2ab}{a+b}$$

（等号は $a = b$ のとき）

が成立する．読者はこの不等式を証明してみられたい．

ここで，ちょっと観点を変えて，座標が分数で与えられているような点列について考えてみよう．

問題 3

数直線上の相異なる 2 点

$$A\left(\frac{b}{a}\right), \quad B\left(\frac{d}{c}\right)$$

の中点の座標が

$$\frac{b+d}{a+c}$$

になるための a と c についての条件を求めよ．

解答　2 点 A, B の中点の座標は，問題 1 より，

$$\frac{1}{2}\left(\frac{b}{a} + \frac{d}{c}\right) = \frac{ad+bc}{2ac}$$

である．これが，題意のようになったとすれば，

$$\frac{ad+bc}{2ac} = \frac{b+d}{a+c}.$$

分母を払って，

$$a^2d + abc + acd + bc^2 = 2abc + 2acd$$
$$a^2d + bc^2 - abc - acd = 0$$
$$ad(a-c) - bc(a-c) = 0$$
$$\therefore\ (ad-bc)(a-c) = 0$$

A, B は相異なる 2 点であるから, $ad - bc \neq 0$.

$$\therefore\ a - c = 0$$
$$\therefore\ a = c\ (必要条件).$$

逆に, もし $a = c$ ならば,

$$\frac{1}{2}\left(\frac{b}{a} + \frac{d}{c}\right) = \frac{b+d}{2a} = \frac{b+d}{a+c}\ (十分条件).$$

$$\therefore\ 求める条件は a = c である.$$

[注意] 次の問題は, 分母 a, c を正数に限っている. これは, たとえば, 2 点 A(3), B(5) に対して,

$$3 = \frac{6}{2},\quad 5 = \frac{-5}{-1}$$

とおけば, 3<5 であっても

$$\frac{6-5}{2-1} = \frac{1}{1} = 1 < 3$$

となって, 命題が成立しないからである. もちろん, 分母が 0 になっても困るのである.

問題 4

4 数 a, b, c, d において, a と c は正数で, かつ,

$$\frac{b}{a} < \frac{d}{c}$$

をみたすものとする. 次の問に答えよ.

(1) $\dfrac{b}{a} < \dfrac{b+d}{a+c} < \dfrac{d}{c}$

を証明せよ.

(2) 2数 p, q ($p>0$) に対して, もし
$$\frac{b}{a} < \frac{q}{p} < \frac{d}{c}$$
ならば,
$$\frac{b}{a} < \frac{b+q+d}{a+p+c} < \frac{d}{c}$$
であることを証明せよ.

(3) $p_0 = p > 0$, $q_0 = q$ とし, $n = 1, 2, \cdots$ に対して,
$$p_n = a + p_{n-1} + c, \quad q_n = b + q_{n-1} + d$$
とおくとき,
$$\lim_{n \to \infty} \frac{q_n}{p_n}$$
を求めよ.

解答 (1) やはり, 定石通り, 差をとって符号を調べる.
$$\frac{d}{c} - \frac{b+d}{a+c} = \frac{da-bc}{c(a+c)} = \frac{a}{a+c}\left(\frac{d}{c} - \frac{b}{a}\right) > 0,$$
$$\frac{b+d}{a+c} - \frac{b}{a} = \frac{ad-bc}{a(a+c)} = \frac{c}{a+c}\left(\frac{d}{c} - \frac{b}{a}\right) > 0.$$
$$\therefore \ \frac{b}{a} < \frac{b+d}{a+c} < \frac{d}{c}.$$

(2) $\dfrac{b}{a} < \dfrac{q}{p}$ に (1) を用いれば
$$\frac{b}{a} < \frac{b+q}{a+p} < \frac{q}{p} < \frac{d}{c}.$$

次に, $\dfrac{b+q}{a+p} < \dfrac{d}{c}$ に (1) を用いれば,
$$\frac{b+q}{a+p} < \frac{b+q+d}{a+p+c} < \frac{d}{c}.$$
$$\therefore \ \frac{b}{a} < \frac{b+q+d}{a+p+c} < \frac{d}{c}.$$

(3) $p_n = a + p_{n-1} + c = p_{n-1} + (a+c)$
$= p_{n-2} + 2(a+c) = \cdots$
$= p_0 + n(a+c) = p + n(a+c).$

同様にして,
$$q_n = q + n(b+d).$$

したがって,
$$\frac{q_n}{p_n} = \frac{q + n(b+d)}{p + n(a+c)} = \frac{q/n + (b+d)}{p/n + (a+c)} \longrightarrow \frac{b+d}{a+c} \quad (n \to \infty).$$

$$\therefore \lim_{n \to \infty} \frac{q_n}{p_n} = \frac{b+d}{a+c}.$$

注意 この問題の (1), (2) は,次の定理の $n = 2, 3$ という特別の場合にすぎない.

「n 個の分数
$$\frac{b_1}{a_1}, \frac{b_2}{a_2}, \cdots, \frac{b_n}{a_n} \quad (\text{分母は正とする})$$
のうち,最小なものを A,最大なものを B とし,$A \neq B$ とすれば,不等式
$$A < \frac{b_1 + b_2 + \cdots + b_n}{a_1 + a_2 + \cdots + a_n} < B$$
が成立する.」

これを証明するには,問題 4 (1), (2) を利用して,n に関する数学的帰納法で証明するか,または次のような幾何学的考察をするとよい.

いま,xy 平面上に,n 個の点
$$(a_1, b_1), (a_2, b_2), \cdots, (a_n, b_n)$$
をとる.ただし,これらの点の x 座標はすべて正とする.そうすると,これらの点は第 1 または第 4 象限にある.これらの各点と原点を結ぶ直線の傾きは
$$\frac{b_1}{a_1}, \frac{b_2}{a_2}, \cdots, \frac{b_n}{a_n}$$

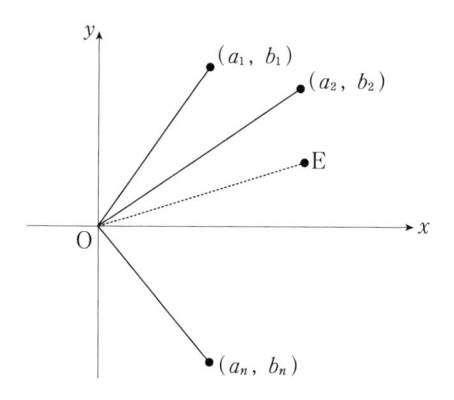

である．これらの n 個の点の x 座標，y 座標の平均を
$$a = \frac{a_1 + a_2 + \cdots + a_n}{n}, \quad b = \frac{b_1 + b_2 + \cdots + b_n}{n}$$
とおけば，点 E (a, b) はやはり x 座標が正であり，直線 OE の傾き
$$\frac{b}{a} = \frac{b_1 + b_2 + \cdots + b_n}{a_1 + a_2 + \cdots + a_n}$$
は，もとの傾きの最小値 A より大きく，最大値 B より小さい．これで証明が完了した．

なお，もし n 個の分数がすべて相等しく，
$$\frac{b_1}{a_1} = \frac{b_2}{a_2} = \cdots = \frac{b_n}{a_n}$$
ならば，$A = B$ となり，
$$\frac{b_1 + b_2 + \cdots + b_n}{a_1 + a_2 + \cdots + a_n}$$
はこれら n 個の分数の値に等しくなる．これを「加比の理」という．

Section 2

算術平均と幾何平均

n 個の正数 $a_1, a_2, \cdots, a_n$ に対して,
$$A = \frac{a_1 + a_2 + \cdots + a_n}{n}$$
$$G = \sqrt[n]{a_1 a_2 \cdots a_n}$$
をそれぞれ $a_1, a_2, \cdots, a_n$ の**算術平均**(相加平均), **幾何平均**(相乗平均) という. このとき, 次の基本定理の成り立つことはよく知られたことである:

基本定理

n 個の正数 $a_1, a_2, \cdots, a_n$ に対して,
$$\frac{a_1 + a_2 + \cdots + a_n}{n} \geqq \sqrt[n]{a_1 a_2 \cdots a_n}$$
であり, 等号は
$$a_1 = a_2 = \cdots = a_n$$
のときに限り成立する.

さて, この定理は数学のいろいろな場面でよく利用される有名な定理であるにもかかわらず,
$$a + b - 2\sqrt{ab} = (\sqrt{a} - \sqrt{b})^2 \geqq 0$$
という $n=2$ の場合は別にして, 一般の場合のきちんとした証明はあまり知られていないようである. そこで, 今回は, それに挑戦してみようとい

うわけである．

上記の基本定理は，次の定理1，定理2と同値，すなわち，
$$[基本定理 \iff 定理1 \iff 定理2]$$
であり，基本定理を証明するには定理1または定理2のどちらか一方を証明すればよいのである．いわば，基本定理は，より証明しやすい命題に"標準化"できるのである．

以下，本稿では，定理1と定理2をそれぞれ独立に証明し，併せて，それらがそれぞれ基本定理と同値であることを証明してみよう．

定理1 n個の正数 $x_1, x_2, \cdots, x_n$ に対して，
$$x_1 + x_2 + \cdots + x_n = n$$
ならば，
$$x_1 x_2 \cdots x_n \leq 1$$
であり，等号は
$$x_1 = x_2 = \cdots = x_n = 1$$
のときに限り成立する．

証明 関数 $y = \log x$ のグラフ上の点 $(1, 0)$ において，これに接線を引くと，その方程式は
$$y = x - 1$$
となるから，図より，
$$x - 1 \geq \log x \quad (x > 0)$$
を得る．ただし，等号は $x = 1$ のときに限り成立する．

この不等式に n 個の正数 $x_1, x_2, \cdots, x_n$ を順次に代入すれば，n 個の不等式

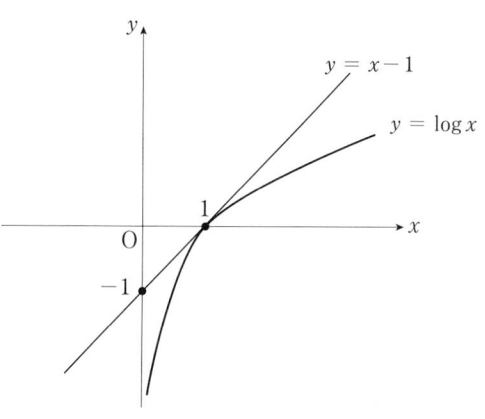

$$x_i - 1 \geqq \log x_i \quad (i = 1, 2, \cdots, n)$$

を得る．これらを辺々加えれば，

$$x_1 + x_2 + \cdots + x_n - n$$
$$\geqq \log x_1 + \log x_2 + \cdots + \log x_n$$
$$= \log x_1 x_2 \cdots x_n$$

となる．そこで，もし，

$$x_1 + x_2 + \cdots + x_n = n$$

とすれば，この不等式の左辺は 0 になるから，

$$\log x_1 x_2 \cdots x_n \leqq 0.$$
$$\therefore \quad x_1 x_2 \cdots x_n \leqq 1.$$

等号は $x_1 = x_2 = \cdots = x_n = 1$ のときに限り成立する．　　　　（証了）

[基本定理 $\iff$ 定理 1] の証明

$$\frac{a_1 + a_2 + \cdots + a_n}{n} = A$$

より，

$$\frac{a_1 + a_2 + \cdots + a_n}{A} = n$$

である．そこで，

$$\frac{a_1}{A} = x_1, \quad \frac{a_2}{A} = x_2, \quad \cdots, \quad \frac{a_n}{A} = x_n$$

とおけば，

$$x_1 + x_2 + \cdots + x_n = n$$
$$x_1 x_2 \cdots x_n = G^n / A^n$$

となる．したがって，

$$A \geqq G \iff \text{定理 1}$$

を得る．　　　　（証了）

Section 2　算術平均と幾何平均

定理2　n 個の正数 $x_1, x_2, \cdots, x_n$ に対して，
$$x_1 x_2 \cdots x_n = 1$$
ならば，
$$x_1 + x_2 + \cdots + x_n \geqq n$$
であり，等号は
$$x_1 = x_2 = \cdots = x_n = 1$$
のときに限り成立する．

証明　n に関する数学的帰納法で証明する．

$n = 1$ のときは明らかに正しい．

$n = k$ のとき，成立したとする．すなわち，
$$x_1 x_2 \cdots x_k = 1 \text{ ならば } x_1 + x_2 + \cdots + x_k \geqq k$$
とする．いま，
$$x_1 x_2 \cdots x_k x_{k+1} = 1$$
とすると，$x_i \ (i = 1, 2, \cdots, k+1)$ がすべて 1 より大 (または 1 より小) となることはないから，たとえば
$$x_1 \geqq 1, \quad x_2 \leqq 1$$
と仮定しても一般性を失なわない．このとき，
$$(x_1 - 1)(x_2 - 1) \leqq 0.$$
$$\therefore \ x_1 x_2 + 1 \leqq x_1 + x_2.$$
そこで，$(x_1 x_2)$ を一まとめにして考えれば，
$$(x_1 x_2) x_3 \cdots x_k x_{k+1} = 1$$
であるから，帰納法の仮定より，
$$(x_1 x_2) + x_3 + \cdots + x_k + x_{k+1} \geqq k.$$
したがって，
$$x_1 + x_2 + \cdots + x_k + x_{k+1}$$
$$\geqq x_1 x_2 + x_3 + \cdots + x_k + x_{k+1} + 1$$
$$\geqq k + 1.$$

すなわち，$n=k+1$ のときも成立する．よって，定理 2 はすべての自然数 n に対して成立する．等号は $x_1=x_2=\cdots=x_n=1$ のときに限り成立する．

(証了)

[**基本定理** $\Longleftrightarrow$ **定理 2**] **の証明**

前と同様に考えて，
$$\frac{a_1}{G}=x_1, \quad \frac{a_2}{G}=x_2, \quad \cdots, \quad \frac{a_n}{G}=x_n$$
とおけば，
$$\frac{x_1+x_2+\cdots+x_n}{n}=\frac{A}{G},$$
$$x_1 x_2 \cdots x_n = 1$$
となる．．したがって，
$$A \geqq G \Longleftrightarrow 定理 2$$
を得る．

(証了)

補足 ある区間 I でグラフが下に凸な関数を**凸関数**という．これに関しては，次の定理が基本的である：

類題 関数 $f(x)$ が区間 I で凸関数（下に凸）ならば，I に属する n 個の点 $x_1, x_2, \cdots, x_n$ に対して，
$$f\left(\frac{x_1+x_2+\cdots+x_n}{n}\right) \leqq \frac{f(x_1)+x(x_2)+\cdots+f(x_n)}{n}$$
であり，等号は
$$x_1=x_2=\cdots=x_n$$
のときに限り成立する．

もし関数が区間 I で**凹関数**（上に凸）ならば，この定理で不等号の向きは逆になる．

この定理は，それ自身が重要で，広い応用を持つ興味深いものであるが，もしこの定理を用いるならば，本稿の基本定理は次のように証明できる．

対数関数 $y = \log x$ は $x > 0$ で上に凸であるから，n 個の正数 $a_1, a_2, \cdots, a_n$ にこの定理を用いれば，不等号の向きに注意して，
$$\log \frac{a_1 + a_2 + \cdots + a_n}{n} \geqq \frac{\log a_1 + \log a_2 + \cdots + \log a_n}{n}$$
が成り立つ．この右辺は
$$\log \sqrt[n]{a_1 a_2 \cdots a_n}$$
であるから，$y = \log x$ が単調増加関数であることにより，
$$\frac{a_1 + a_2 + \cdots + a_n}{n} \geqq \sqrt[n]{a_1 a_2 \cdots a_n}$$
を得る．等号は $a_1 = a_2 = \cdots = a_n$ のときに限り成立する．これが証明すべきことであった．

練習問題

1. 3個の正数 a, b, c に対し，次の不等式を証明せよ．
$$\sqrt[3]{abc} \leqq \sqrt{\frac{ab+bc+ca}{3}} \leqq \frac{a+b+c}{3}$$

2. 3個の正数 a, b, c に対し，次の不等式を証明せよ．

 (1) $a^{\frac{1}{2}} b^{\frac{1}{3}} c^{\frac{1}{6}} \leqq \dfrac{a}{2} + \dfrac{b}{3} + \dfrac{c}{6}$

 (2) $a^3 + b^3 = c^3$ ならば，$4a^3 b^3 \leqq c^6$

 (3) $abc + \dfrac{1}{a} + \dfrac{1}{b} + \dfrac{1}{c} \geqq 4$

3. 任意の $\triangle ABC$ において，不等式
$$\sin A + \sin B + \sin C \leqq \frac{3\sqrt{3}}{2}$$
を証明せよ．

解答 1. $(a+b+c)^2 - 3(ab+bc+ca)$

$$= a^2+b^2+c^2-ab-bc-ca$$
$$= \frac{1}{2}\{(a-b)^2+(b-c)^2+(c-a)^2\} \geqq 0.$$
$$\therefore \sqrt{\frac{ab+bc+ca}{3}} \leqq \frac{a+b+c}{3}.$$

また，ab, bc, ca に対し基本定理を用いれば，

$$\sqrt[3]{(ab)(bc)(ca)} \leqq \frac{ab+bc+ca}{3}.$$

$$\therefore \sqrt[3]{abc} \leqq \sqrt{\frac{ab+bc+ca}{3}}.$$

等号は $a=b=c$ のときに限り成立する．

2. (1) 基本定理より，

$$\frac{3a+2b+c}{6} \geqq \sqrt[6]{a^3 b^2 c}.$$

等号は $a=b=c$ のときに限り成立する．

(2) $a^3+b^3=c^3$ ならば，

$$\left(\frac{a}{c}\right)^3 + \left(\frac{b}{c}\right)^3 = 1$$

であるから，両辺を 2 倍して

$$2\left(\frac{a}{c}\right)^3 + 2\left(\frac{b}{c}\right)^3 = 2.$$

左辺の二つの項に定理 1 を適用して，

$$2\left(\frac{a}{c}\right)^3 \cdot 2\left(\frac{b}{c}\right)^3 \leqq 1.$$

$$\therefore 4a^3 b^3 \leqq c^6.$$

等号は $a^3 = b^3 = \frac{1}{2}c^3$ のときに限り成立する．

|別解| 基本定理より

$$a^6+b^6 \geqq 2a^3 b^3$$

であるから，

$$c^6 = (a^3+b^3)^2 = a^6+b^6+2a^3 b^3 \geqq 4a^3 b^3.$$

(3) 4 個の正数
$$abc, \quad \frac{1}{a}, \quad \frac{1}{b}, \quad \frac{1}{c}$$
に定理 2 を適用すれば，それらの積は 1 であるから，
$$abc + \frac{1}{a} + \frac{1}{b} + \frac{1}{c} \geqq 4.$$
等号は $a = b = c = 1$ のときに限り成立する．

3. 正弦関数 $y = \sin x$ は $0 < x < \pi$ で上に凸であり，$\triangle ABC$ において，
$$A + B + C = \pi \ (\text{ラジアン}),$$
$$0 < A, \ B, \ C < \pi$$
であるから，
$$\sin A + \sin B + \sin C \leqq 3 \sin \frac{A+B+C}{3}$$
$$= 3 \sin \frac{\pi}{3} = \frac{3\sqrt{3}}{2}.$$
等号は $A = B = C$（正 3 角形）のときに限り成立する．

因みに，$\triangle ABC$ が
$$A = \frac{\pi}{3}, \quad B = \frac{\pi}{6}, \quad C = \frac{\pi}{2}$$
の，いわゆる "定規形" ならば，
$$\sin A + \sin B + \sin C$$
$$= \sin \frac{\pi}{3} + \sin \frac{\pi}{6} + \sin \frac{\pi}{2}$$
$$= \frac{\sqrt{3}}{2} + \frac{1}{2} + 1 = \frac{3 + \sqrt{3}}{2} \fallingdotseq 2.366 \cdots$$
これは
$$\frac{3\sqrt{3}}{2} \fallingdotseq 2.598 \cdots$$
より確かに小さい．

Section 3

対称式と交代式

　今回の議論は，n 個の文字
$$x_1, \ x_2, \ \cdots, \ x_n$$
についても殆どそのまま通用するのだが，話を具体的にするために，3文字 $x, \ y, \ z$ に限定して述べることにする．
　3個の文字 $x, \ y, \ z$ についての多項式
$$F = F(x, \ y, \ z)$$
において，どの2文字 x と y，y と z，z と x を交換しても F が式として不変であるならば，F を $x, \ y, \ z$ についての**対称式**であるという．たとえば，次の式は対称式であるか？

(1) $x^2y + y^2z + z^2x$,

(2) $x^2(y+z) + y^2(z+x) + z^2(x+y)$.

　(1) は対称式ではない．x と y を入れ換えれば異なる式となるからである．(2) は対称式である．

　「3文字 $x, \ y, \ z$ に関する二つの多項式 $F, \ G$ の和，差，積
$$F + G, \quad F - G, \quad FG$$
もやはり $x, \ y, \ z$ に関する対称式である．」これは，2文字を入れ換えてから和，差，積を計算しても，和，差，積を計算してから2文字を入れ換えても同じ結果を得るからである．

Section 3　対称式と交代式

　注意　商 F/G についても同様のことが言えるが，F/G はもはや x, y, z についての"多項式"とは限らない．

さて，3文字 x, y, z について，特に
$$s_1 = x+y+z$$
$$s_2 = xy+yz+zx$$
$$s_3 = xyz$$
を**基本対称式**という．ここで重要なのは，次の定理が成り立つことである：
「3文字 x, y, z についての任意の対称式 F は，それらの文字についての基本対称式 s_1, s_2, s_3 の多項式の形で表すことができる．」

よく使われる恒等式は

(1) $x^2+y^2+z^2 = (x+y+z)^2-2(xy+yz+zx)$,

(2) $x^3+y^3+z^3 = (x+y+z)^3-3(x+y+z)\cdot(xy+yz+zx)+3xyz$

などである．もちろん，(1) は $s_1^2-2s_2$，(2) は $s_1^3-3s_1s_2+3s_3$ である．

　この結果において，各項の添字の合計が各式で一定 n なのに注意してほしい．たとえば，(1) では二つの項で
$$1\times 2 = 2 \text{（一定）},$$
(2) では三つの項で
$$1\times 3 = 1+2 = 3 \text{（一定）}$$
となっている．

　一般に，x, y, z の多項式 F において，各項が x, y, z の何個の積から成立しているかを調べたとき，その個数が各項で n（一定）ならば，F を x, y, z についての n 次の**同次式**であるという．こうして，s_1 自身は 1 次の同次式であり，s_2 は 2 次の同次式であり，s_3 は 3 次の同次式である．

「3文字 x, y, z の対称式 F が n 次の同次式ならば，F は

1次：s_1

2次：s_1^2, s_2

3次：s_1^3, s_1s_2, s_3

4次：$s_1^4, s_1^2s_2, s_1s_3, s_2^2, s_4$

193

の n 次の項について係数をつけた和として表される.」

したがって, 与えられた対称式 F を基本対称式 s_1, s_2, s_3 の多項式として表すには, F の同次式としての次数 n を調べ, 上の表の n 次の項の係数を**未定係数法**(係数比較法または数値代入法)によって決定すればよい.

問題 1

次の式を x, y, z の基本対称式で表せ:
$$(x+y+z)^4-(x+y)^4-(y+z)^4-(z+x)^4+x^4+y^4+z^4.$$

解答 与えられた式を
$$F = F(x, y, z)$$
とすれば, F は x, y, z についての対称式であり, かつ, 4 次の同次式である. いま, $z = 0$ とおけば,
$$F(x, y, 0) = (x+y)^4-(x+y)^4-y^4-x^4+x^4+y^4 = 0$$
となるから, F は因数 z を持つ. すると, F の対称性より, F は因数 x, 因数 y も持つ.

$$\therefore\ F\ \text{は因数}\ xyz\ \text{を持つ}.$$

したがって, F は $xyzG$ の形で表すことができる. ここで, F は 4 次の同次式であり, xyz は 3 次だから, G は 1 次の同次式でなければならない.

$$\therefore\ F = axyz(x+y+z)\ (a\ \text{は係数}).$$

係数 a を定めるために, $x = y = z = 1$ とおけば, $36 = 3a$ より, $a = 12$ を得る. 以上によって,

$$F = 12xyz(x+y+z). \qquad \cdots\cdots(答)$$

Section 3 対称式と交代式

◆ **問題2**

次の問に答えよ.
(1) 任意の実数 x, y, z について,
$$(x+y+z)^2 \leqq 3(x^2+y^2+z^2)$$
が成り立つことを証明せよ.
(2) 実数 x, y, z, t が
$$x+y+z+t = 6,$$
$$x^2+y^2+z^2+t^2 = 12$$
を満たすとき, t の最大値と最小値を求めよ. また, $xy+yz+zx$ の最大値と最小値を求めよ.

(横浜国立大学)

解答 (1) $3(x^2+y^2+z^2)-(x+y+z)^2$
$= 2(x^2+y^2+z^2-xy-yz-zx)$
$= (x-y)^2+(y-z)^2+(z-x)^2 \geqq 0$
$\therefore (x+y+z)^2 \leqq 3(x^2+y^2+z^2).$

等号は $x = y = z$ のときに限り成立する.

(2) $x^2+y^2+z^2 = 12-t^2,$
$x+y+z = 6-t$
であるから, (1) の不等式より
$$(6-t)^2 \leqq 3(12-t^2)$$
$$4t^2-12t \leqq 0$$
$$4t(t-3) \leqq 0$$
$$\therefore 0 \leqq t \leqq 3. \qquad \cdots\cdots ①$$

ところで, $x = y = z = 2$ のとき $t = 0$ となり, また $x = y = z = 1$ のとき $t = 3$ となるから, 実際に t は 0 と 3 をとる.

$\therefore t$ の最大値 3, 最小値 0. $\qquad \cdots\cdots$(答)

次に，
$$xy+yz+zx = \frac{1}{2}\{(x+y+z)^2-(x^2+y^2+z^2)\}$$
$$= \frac{1}{2}\{(6-t)^2-(12-t^2)\}$$
$$= t^2-6t+12 = (t-3)^2+3$$
であるから，①の条件のもとに，$xy+yz+zx$ は，

$t=0$ のとき最大値 12,

$t=3$ のとき最小値 3　　　　　　　　　　　　……(答)

をとる．

注意　この問題では基本対称式ということが積極的に使われているわけではない．なお，(1) では，$y=x^2$ のグラフが下に凸であることを利用して，
$$\left(\frac{x+y+z}{3}\right)^2 \leqq \frac{x^2+y^2+z^2}{3}$$
$$\therefore \ (x+y+z)^2 \leqq 3(x^2+y^2+z^2)$$
とする解答も考えられる．

基本対称式が非常に重要になるのは，いわゆる "根 (解) と係数の関係" においてである．

「3 次方程式
$$ax^3+bx^2+cx+d=0 \quad (a \neq 0)$$
の 3 根を α, β, γ とすると，
$$\alpha+\beta+\gamma = -\frac{b}{a},$$
$$\alpha\beta+\beta\gamma+\gamma\alpha = \frac{c}{a},$$
$$\alpha\beta\gamma = -\frac{d}{a}$$
が成り立つ．」(3 次方程式の根と係数の関係)

証明　3 根が α, β, γ であるから，

$$ax^3+bx^2+cx+d = a(x-\alpha)(x-\beta)(x-\gamma)$$
$$= a\{x^3-(\alpha+\beta+\gamma)x^2+(\alpha\beta+\beta\gamma+\gamma\alpha)x-\alpha\beta\gamma\}$$
両辺の係数を比較すれば，上記の関係式を得る． (了)

ここで，3根 α, β, γ の基本対称式が係数で表されているから，結局 α, β, γ の任意の対称式は係数で表されるわけである．

問題 3

3次方程式
$$x^3 - 5x + 4 = 0$$
の根を α, β, γ とするとき，$\alpha^2+\beta^2+\gamma^2$ の値を求めよ．また，$\alpha^2, \beta^2, \gamma^2$ を根とする整数係数の方程式をつくれ．

解答　根と係数の関係より，
$$\alpha+\beta+\gamma = 0,$$
$$\alpha\beta+\beta\gamma+\gamma\alpha = -5,$$
$$\alpha\beta\gamma = -4.$$
したがって，
$$\alpha^2+\beta^2+\gamma^2 = (\alpha+\beta+\gamma)^2-2(\alpha\beta+\beta\gamma+\gamma\alpha)$$
$$= 0^2-2(-5) = 10. \quad \cdots\cdots(\text{答})$$
次に，
$$\alpha^2+\beta^2+\gamma^2 = 10,$$
$$\alpha^2\beta^2+\beta^2\gamma^2+\gamma^2\alpha^2 = (\alpha\beta+\beta\gamma+\gamma\alpha)^2-2\alpha\beta\gamma(\alpha+\beta+\gamma)$$
$$= (-5)^2-2(-4)\cdot 0 = 25,$$
$$\alpha^2\beta^2\gamma^2 = (\alpha\beta\gamma)^2 = (-4)^2 = 16$$
であるから，再び根と係数の関係より，$\alpha^2, \beta^2, \gamma^2$ を根とする方程式は

$$x^3 - 10x^2 + 25x - 16 = 0. \qquad \cdots\cdots (答)$$

　3文字 x, y, z についての多項式 F が，2文字 x と y，y と z，または z と x を交換すると $-F$ になるとき，F を x, y, z についての**交代式**という．

　たとえば，
$$F = x(y-z) + y(z-x) + z(x-y)$$
は交代式である．x と y を入れ換えると，
$$y(x-z) + x(z-y) + z(y-x)$$
$$= -\{x(y-z) + y(z-x) + z(x-y)\}$$
$$= -F$$
となり，他の入れ換えについても同様だからである．

　対称式における基本対称式のように，交代式の中で基本的役割をはたすものが**差積**（最簡交代式）
$$\Delta = (x-y)(y-z)(z-x)$$
である．差積 Δ は交代式である．

　[注意]　差積は2文字づつの差の積であるが，上記では**巡回的**に整頓されている．しかし，これは3文字だから可能であり，4文字以上になると，巡

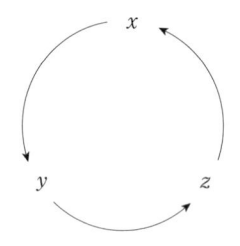

回的配列ではすべての差が表れない．本来，差積は**辞書的**に配列すべきものである（前式 Δ とは符号が異なる）：
$$(x-y)(y-z)(x-z).$$

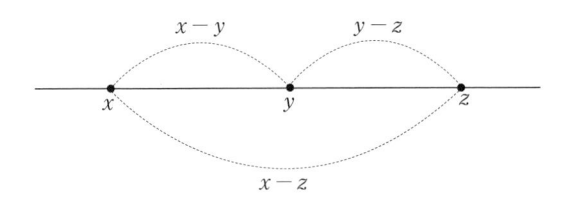

Section 3　対称式と交代式

ここでは，対称式との関連で，巡回的に整頓されたものを用いる．

さて，次の定理が鍵となる：

「任意の交代式は差積を因数に持ち，

(差積)・(対称式)

の形で表すことができる．」

証明　与えられた任意の交代式 F において，2文字 x と y を入れ換えれば，

$$F(y, x, z) = -F(x, y, z)$$

となる．ここで，$x = y$ とおけば，

$$F(x, x, z) = -F(x, x, z)$$
$$\therefore F(x, x, z) = 0.$$

したがって，もとの交代式 F は因数 $x - y$ を持つ．同様にして，F は因数 $y - z$, $z - x$ も持つ．したがって，

$$F = \Delta \cdot G \ (G \text{ は } x, y, z \text{ の多項式})$$

と表すことができる．ここで，x と y を入れ換えれば，F と Δ は交代式だから，

$$-F = -\Delta \cdot G' \ (G' \text{ は } G \text{ の } x \text{ と } y \text{ を交換したもの})$$

となる．よって，

$$F = \Delta \cdot G = \Delta \cdot G'$$

より，$G = G'$ となる．y と z, z と x の入れ換えについても G は不変だから，結局，G は対称式でなければならない．　　　　　　　　　　(了)

第2部 代数学 MENU

◆ 問題 4

次の式を因数分解せよ：
$$(y-z)(x^4+y^2z^2)+(z-x)(y^4+z^2x^2)+(x-y)(z^4+x^2y^2).$$

解答 与式は 3 文字 x, y, z についての交代式であり，かつ，5 次の同次式である．したがって，

$$\text{与式} = (x-y)(y-z)(z-x)(as_1^2+bs_2)$$

と表すことができる．差積 Δ は 3 次の同次式であり，対称式部分は 2 次の同次式となる筈だからである．ここで，たとえば $x=2, y=1, z=0$ とおけば，

$$18 = -2(9a+2b) \qquad \cdots\cdots ①$$

であり，また $x=1, y=0, z=-1$ とおけば，

$$0 = 2b \qquad \cdots\cdots ②$$

であるから，①と②より，

$$a = -1, \quad b = 0.$$

以上より，

$$\text{与式} = -(x-y)(y-z)(z-x)(x+y+z)^2 \qquad \cdots\cdots (\text{答})$$

練習問題

次の式は対称式か交代式か，またはそのいずれでもないかを判定し，交代式については因数分解せよ．

(1) $(x-y)^3+(y-z)^3+(z-x)^3+3xyz$

(2) $x^2y+y^2z+z^2x+x^2z+y^2x+z^2y$

(3) $x^3(y-z)+y^3(z-x)+z^3(x-y)$

解答 (1) 対称式でも交代式でもない．

(2) 対称式．今回冒頭の例と同じである．
(3) 交代式．
$$与式 = -(x-y)(y-z)(z-x)(x+y+z) \quad \cdots\cdots(答)$$
もちろん，負号 $-$ は括弧の中に繰り入れて，
$$与式 = (x-y)(y-z)(x-z)(x+y+z)$$
としてもよい．

Section 4
恒等式と未定係数法

　二つの多項式 $f(x),\ g(x)$ に関する等式
$$f(x) = g(x)$$
がすべての x の値について成り立つとき，$f(x)$ と $g(x)$ は**恒等的に等しい**という．

　また，$f(x),\ g(x)$ がどちらも同じ n 次式であり，しかも
$$x^n,\ x^{n-1},\ \cdots,\ 1$$
のどの項についても，対応する係数が等しいとき，$f(x)$ と $g(x)$ は**形式的に等しい**という．

　いま，等式 $f(x)=g(x)$ について二つの条件を述べたが，じつは両者は同値なのである．すなわち，多項式 $f(x),\ g(x)$ について，同値な関係
$$\text{"恒等的に等しい} \iff \text{形式的に等しい"}$$
が成立する．このとき，等式 $f(x)=g(x)$ のことを**恒等式**であるといい，しばしば，
$$f(x) \equiv g(x)$$
と表される．

　以上のことは次のように定式化される：

　「二つの n 次多項式 $f(x),\ g(x)$ が n より多くの相異なる x の値に対して等しい値をとるならば，$f(x)$ と $g(x)$ は形式上一致する．この逆もまた正しい．」

Section 4　恒等式と未定係数法

これは，
$$F(x)=f(x)-g(x)$$
とおけば，$F(x)$ の次数は n 以下だから，もし $F(x)=0$ が方程式ならば，高々 n 個の x の値に対して 0 になるだけであり，仮定に反する．したがって，$F(x)$ は恒等的に 0 に等しくならなければならないからである．逆も明らかである．

いま，恒等式 $f(x) \equiv g(x)$ において，いくつかの係数が不明のとき，その係数を決定するには，次の 2 通りの方法がある：

(1) **数値代入法**……$f(x)$ と $g(x)$ が "恒等的に等しい" ことを用いる方法，
(2) **係数比較法**……$f(x)$ と $g(x)$ が "形式的に等しい" ことを用いる方法．
この両者をまとめて**未定係数法**といっている．

次の簡単な例題で納得されるだろう．

例　$3x^2+ax+b=(x+2)(cx-1)$
が恒等式であるように a, b, c の値を定めよ．

まず，数値代入法では，両辺に $x=0$, 1, -2 などを代入して，次々に
$$b=-2$$
$$3+a+b = 3(c-1)$$
$$12-2a+b = 0$$
などを得て，これより，$a=5$, $b=-2$, $c=3$ とする．このとき，3 個の x の値は任意に選んでよいが，なるべく簡単な値を選んだ方が効率が良いのはいうまでもない．

次に，係数比較法では，両辺の x^2, x, 1 の係数を比較して，
$$3=c$$
$$a=2c-1$$
$$b=-2$$
とし，これより，$a=5$, $b=-2$, $c=3$ とする．

第 2 部　代数学 MENU

問題 1

n を正の整数とするとき，次の問に答えよ．
(1) x^n を $x^2 - 1$ で割ったときの剰余を求めよ．
(2) x^n を $(x-1)^2$ で割ったときの剰余を求めよ．

除数はいずれも 2 次式であるから，剰余は
$$ax + b$$
の形で表されることに注意する．この係数 a, b を未定係数法で求めればよい．

解答　(1) $x^n = q(x)(x-1)(x+1) + ax + b$
とおけば，両辺に $x = 1$ を代入して，
$$1 = a + b \qquad \cdots\cdots ①$$
また，$x = -1$ を代入して，
$$(-1)^n = -a + b \qquad \cdots\cdots ②$$
①，②より，
$$a = \frac{1-(-1)^n}{2}, \quad b = \frac{1+(-1)^n}{2}.$$
したがって，求める剰余は，

$$\left. \begin{array}{l} n \text{ が偶数のとき, } 1 \\ n \text{ が奇数のとき, } x \end{array} \right\} \qquad \cdots\cdots (答)$$

(2) $x^n = q(x)(x-1)^2 + ax + b$
とおけば，両辺に $x = 1$ を代入して，
$$1 = a + b \qquad \cdots\cdots ①$$
また，上の式の両辺を x で微分して
$$nx^{n-1} = q'(x)(x-1)^2 + 2q(x)(x-1) + a.$$
$x = 1$ を代入して，

$$n = a \qquad \cdots\cdots ②$$

①, ②より,
$$a = n, \quad b = 1-n.$$
したがって，求める剰余は，
$$nx + 1 - n \qquad \cdots\cdots(答)$$

さて，未定係数法は分数式の部分分数への分解を求めるとき，非常に重要な役割を演じる．

例 $\dfrac{x}{(x-2)(x-1)} = \dfrac{a}{x-2} + \dfrac{b}{x-1}$

なるとき，係数 a, b を決定せよ．

右辺を通分して，両辺の分子を比較すれば，
$$x = a(x-1) + b(x-2)$$
となる．両辺に $x=2$ を代入すれば
$$2 = a$$
を得る．また，$x=1$ を代入すれば,
$$1 = -b$$
を得る．したがって，$a=2, b=-1$ となる．

関数論の言葉では，分数式
$$\frac{p(x)}{q(x)} \quad (但し，p(x) と q(x) は x の多項式)$$
の分子を 0 にする x の値を**零点**，分母を 0 にする x の値を**極**という．そして，その重複度 k を零点または極の**次数**という．すなわち，"k 次の極" とは，方程式 $q(x)=0$ の k 重根である．$x=\alpha$ を k 次の極とするとき，それに対応する部分分数は
$$\frac{a_1}{x-\alpha} + \frac{a_2}{(x-\alpha)^2} + \cdots + \frac{a_k}{(x-\alpha)^k}$$
となるから注意を要する．

問題2

次の係数 a, b, c, d を求めよ：
$$\frac{x}{(x-2)(x-1)^3} = \frac{a}{x-2} + \frac{b}{x-1} + \frac{c}{(x-1)^2} + \frac{d}{(x-1)^3}.$$

解答　$x=2$ が1次の極，$x=1$ が3次の極である．右辺を通分して，両辺の分子を比較すれば，
$$x = a(x-1)^3 + b(x-2)(x-1)^2 + c(x-2)(x-1) + d(x-2).$$
両辺に $x=2$ を代入すれば，$2=a$．∴ $a=2$.
両辺に $x=1$ を代入すれば，$1=-d$．∴ $d=-1$．両辺に $x=0$ を代入すれば，$0=-a-2b+2c-d=-2-2b+2c+2$．∴ $b=c$.
両辺に $x=3$ を代入すれば，$3=8a+4b+2c+d=16+4b+2c-1$.
∴ $2b+c=-6$.
以上より，
$$a=2, \ b=-2, \ c=-2, \ d=-1 \qquad \cdots\cdots(答)$$

注意　この問題では，分母 $q(x)$ が初めから因数分解されているが，問題によっては因数分解も実行しなければならない．このとき，係数の範囲が実数に制限されていれば，$q(x)$ は1次因数の積に分解できるとは限らない．また，もし分子 $p(x)$ の次数が分母 $q(x)$ の次数より低くなければ，割り算を実行して"既約真分数"になおしてから部分分数に分解しなければならない．たとえば，分数式
$$\frac{x^3+4x^2+2x+3}{(x+1)(x^2+1)}$$
の部分分数への分解は，割り算を実行してから行ない，
$$1 + \frac{2}{x+1} + \frac{x}{x^2+1}$$
の形となる．

Section 4　恒等式と未定係数法

問題 3

次の分数式を部分分数に分解せよ：

(1) $\dfrac{x^3+1}{(x^2+1)(x-1)}$

(2) $\dfrac{4x^2}{x^4-1}$

解答　(1) 割り算を実行すれば，

$$与式 = 1 + \frac{x^2-x+2}{(x^2+1)(x-1)}$$
$$= 1 + \frac{ax+b}{x^2+1} + \frac{c}{x-1} = 1 - \frac{1}{x^2+1} + \frac{1}{x-1}.$$

(2)　$与式 = \dfrac{1}{x-1} - \dfrac{1}{x+1} + \dfrac{2}{x^2+1}$.

補足　積分学では，「分数式の積分は，部分分数に分解して積分する」という技法がしばしば用いられる．それは，$a \neq 0$ とすると，

$$\int \frac{dx}{x-\alpha} = \log|x-\alpha| + C$$

$$\int \frac{dx}{x^2+a^2} = \frac{1}{a} \tan^{-1} \frac{x}{a} + C$$

$$\int \frac{dx}{x^2-a^2} = \frac{1}{2a} \log\left|\frac{x-a}{x+a}\right| + C$$

が成立するからである．

たとえば，不定積分

$$\int \frac{x+4}{x(x+2)} dx$$

の計算は，被積分関数を部分分数に分解して，

$$\int \frac{x+4}{x(x+2)} dx = \int \frac{2}{x} dx - \int \frac{1}{x+2} dx$$
$$= 2\log|x| - \log|x+2| + C = \log \frac{x^2}{|x+2|} + C$$

とする．

207

第2部　代数学 MENU

問題 4

$2x+y+1=0$ かつ $3x+2y+z=0$ を満たす x, y, z に対して，恒等的に
$$ax^2+by^2+cz^2=3$$
が成り立つような a, b, c を求めよ． （玉川大学）

解答　$2x+y+1=0$, $3x+2y+z=0$ より，y を消去して，$z=x+2$.
$$\therefore y=-2x-1, \quad z=x+2 \qquad \cdots\cdots ①$$

これらを
$$ax^2+by^2+cz^2=3$$
に代入して，
$$ax^2+b(2x+1)^2+c(x+2)^2=3.$$
$$\therefore (a+4b+c)x^2+4(b+c)x+b+4c=3 \qquad \cdots\cdots ②$$

これが恒等式であるから，
$$\begin{cases} a+4b+c=0 \\ b+c=0 \\ b+4c=3 \end{cases}$$

これより，$a=-3, \ b=-1, \ c=1$. ……(答)

問題 5

次の等式を証明せよ．但し，a, b, c は相異なる実数とする：
$$\frac{x}{(x-a)(x-b)(x-c)}$$
$$=\frac{a}{(a-b)(a-c)(x-a)}+\frac{b}{(b-a)(b-c)(x-b)}$$
$$+\frac{c}{(c-a)(c-b)(x-c)}.$$

この問題をよく見れば，右辺は左辺が部分分数に分解してあるものにすぎない．したがって，左辺を
$$\frac{A}{x-a}+\frac{B}{x-b}+\frac{C}{x-c}$$
とおいて，未定係数法によって A, B, C を求めればよい．しかし，ここでは，次のような解答をしておこう．この方が恒等式の本質をよくとらえているからである．

解答 証明すべき式の分母を払えば，
$$x=\frac{a(x-b)(x-c)}{(a-b)(a-c)}+\frac{b(x-a)(x-c)}{(b-a)(b-c)}+\frac{c(x-a)(x-b)}{(c-a)(c-b)}.$$
これは x についての2次式であるが，
$$x=a, \quad x=b, \quad x=c$$
なる三つの異なる x の値について成立するから，恒等式でなければならない．したがって，もとの等式も（式に意味がある限り）任意の x について成立する． (了)

問題 6

関数 $f(x)$ の導関数を $f'(x)$ とする．これについて，次の問に答えよ．

(1) 2次関数 $f(x)=ax^2+bx+c \ (a\neq 0)$ について，
$$f(x+1)-f(x)=f'(x+k)$$
がすべての x に対して成り立つような実数 k の値を求めよ．

(2) 3次関数 $f(x)=ax^3+bx^2+cx+d \ (a\neq 0)$ については，いかなる実数 k をとっても，
$$f(x+1)-f(x)=f'(x+k)$$
がすべての x に対して成り立つようにはできないことを示せ．

(岩手大学)

第2部　代数学 MENU

　導関数の問題ではあるが，未定係数法は，微積分をはじめとして，整数，1次写像，複素数など，数学のあらゆる問題で使われる基本的技法である．

解答　(1) $f'(x) = 2ax + b$ であるから，与えられた条件より，
$$a(x+1)^2 + b(x+1) + c - (ax^2 + bx + c)$$
$$= 2ax + 2ak + b.$$
$$\therefore k = \frac{1}{2} \quad \cdots\cdots (答)$$

(2) ある k について与えられた条件が成り立つと仮定すると，
$$f'(x) = 3ax^2 + 2bx + c$$
であるから，
$$3ax^2 + (3a + 2b)x + a + b + c$$
$$= 3ax^2 + 2(3ak + b)x + 3ak^2 + 2bk + c$$
が成り立つ．これが x についての恒等式であることより，
$$\begin{cases} 3a + 2b = 6ak + 2b & \cdots\cdots ① \\ a + b + c = 3ak^2 + 2bk + c & \cdots\cdots ② \end{cases}$$
となる．①より $k = \frac{1}{2}$．これを②へ代入すると，$a = 0$ を得る．しかし，これは $a \neq 0$ に反する．したがって，
$$f(x+1) - f(x) = f'(x + k)$$
がすべての x に対して成り立つことはない．

Section 5

数学的帰納法の原理

　一般に，数学では，ある集合 X の"部分集合"S という場合，ことわりの無い限り，
$$S = \phi \text{（空集合）}, \quad S = X \text{（全集合）}$$
という両極端も排除しない．

　さて，自然数全体 $1, 2, 3, \cdots$ の集合を N で表すとき，N の**空**（くう——要素の無いこと）ではない部分集合 S が N と一致するためには，どのような条件を満たさなければならないだろうか．この疑問に答えるのが，今回のテーマ"数学的帰納法の原理"である．

　「自然数のある集合 S が，2条件
  (1) $1 \in S$,
  (2) $k \in S$ ならば $k+1 \in S$
を満たすとする．このとき，S はすべての自然数 n を含む．」(**数学的帰納法の原理**)

　もちろん，ここで (1) は S が 1 を含むこと（したがって $S \neq \phi$），そして (2) は S がもし k を含めば $k+1$ も含むことを要請している．

　自然数に関する定理や公式を証明するときにしばしば用いられる"数学的帰納法"は，この原理に基づいている．なぜなら，いま，与えられた命題を成立させる自然数の集合を S とするとき，もし $S = N$ ならば，その命題は"真"である．そこで，上に掲げた条件 (1), (2) が共に成立することを確かめれば，数学的帰納法の原理によって，$S = N$ となることが結論づけられ

るからである．

数学的帰納法による証明もよく習得してほしいが，その基礎として，本稿ではこの原理そのものをもう少し分析しておきたい．

数直線上にボツボツと離散している自然数の著るしい特徴として，次の性質がある：

「自然数の，空でない任意の集合 A には**最小数**（A の他の要素より大きくはないもの）が含まれている．」(**自然数の整列性**)

これは，自然数以外の無限集合では必ずしも成立しない．たとえば，もし A を "1 より小さい正数" の全体とすれば，A の中に最小数は無い．どのように小さい正数をとっても，それよりさらに小さい正数が存在するからである．（本節は第 I 部 第 3 話を参照のこと）

問題 1

自然数について，「数学的帰納法の原理」と「自然数の整列性」は同値であることを証明せよ．

概念に慣れていない読者には，これはなかなか難かしい問題かと思われる．もしそうなら，もう一度，今までの議論を振り返ってみられたい．なお，**自然数**（正の整数）を 0 から始めて

$$0,\ 1,\ 2,\ \cdots$$

と定義する立場もあるが，この場合でも条件 (1) を

(1') $0 \in S$

と読み替えれば，原理的には違いは無い．

[**解答**] いま，"数学的帰納法の原理" が正しいとする．N の空ではない部

*A*の点

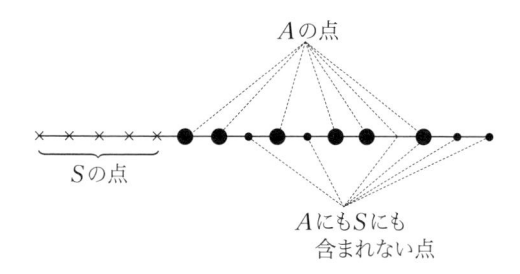

*S*の点

*A*にも*S*にも
含まれない点

分集合 A が与えられたとき，A に最小数が存在しないと仮定して矛盾を導く．そこで，A のすべての要素 a に対して，
$$x \leqq a \qquad \cdots\cdots ①$$
を満たす自然数 x の集合を S とする．まず，自然数 1 は確かに①を満たすから，S に含まれている．さらに，もし自然数 k が S に含まれているならば，$k+1$ も S に含まれることになる．なぜなら，もし $k+1 \in A$ なら，$k+1$ は A の最小数になってしまうからである．こうして，2 条件 (1), (2) が成立するので，数学的帰納法の原理より，$S = \boldsymbol{N}$ となる．しかし，A は空ではないので，これは矛盾である．よって，"自然数の整列性" は正しい．

逆に，"自然数の整列性" が正しいとする．2 条件 (1), (2) を満たす自然数の集合 S が与えられたとする．自然数全体における S の補集合を A とする．もし $A \neq \phi$ ならば，自然数の整列性より，A には最小数 $k(k \neq 1)$ が含まれている．すると，$k-1 < k$ であるから，$k-1$ は S に含まれている．ところが，もしそうならば，条件 (1), (2) より k も S に含まれることになり，矛盾が生じる．したがって，$A = \phi$, $S = \boldsymbol{N}$ となり，"数学的帰納法の原理" は正しい． (了)

さて，数学的帰納法の原理はしばしば次の形式でも用いられる：
「自然数のある集合 S が，2 条件
 (1) $1 \in S$,
 (2) $1, 2, \cdots, k \in S$ ならば $k+1 \in S$
を満たすとする．このとき，S はすべての自然数 n を含む．」(**数学的帰納法の第 2 形式**)

第2部 代数学 MENU

この形式が前に述べたものと同値であることを確認されたい．それでは，次の問題をこの第2形式を用いて解いてみよう．

問題 2

数列 $\{a_n\}$ が
$$a_1 = 2, \quad a_n < 2n^2 + \frac{1}{n}\sum_{j=1}^{n-1} a_j \ (n=2,3,4,\cdots)$$
を満たすとする．このとき，すべての正の整数 n に対して
$$a_n < 3n^2$$
が成り立つことを証明せよ． （学習院大学）

解答　n に関する数学的帰納法（第2形式）で証明する．まず $n = 1$ のときは，
$$a_n = a_1 = 2, \quad 3n^2 = 3$$
であり，明らかに成り立つ．そこで，
$$a_n < 3n^2 \qquad \cdots\cdots ①$$
が $n = 1, 2, \cdots, k$ に対して成り立つと仮定すると，
$$a_j < 3j^2 \quad (j = 1, 2, \cdots, k)$$
であるから，辺々を加えて，
$$\sum_{j=1}^{k} a_j < 3\sum_{j=1}^{k} j^2 = \frac{1}{2} k(k+1)(2k+1).$$
$$\therefore \ \frac{1}{k+1}\sum_{j=1}^{k} a_j < \frac{1}{2} k(2k+1) \qquad \cdots\cdots ②$$
ここで，右辺は $k \geq 1$ のとき
$$\frac{1}{2} k(2k+1) = k\left(k + \frac{1}{2}\right) < (k+1)^2$$
であるから，②は

214

$$\frac{1}{k+1}\sum_{j=1}^{k}a_j<(k+1)^2 \qquad \cdots\cdots ③$$

となる．ところが，題意より

$$a_n<2n^2+\frac{1}{n}\sum_{j=1}^{n-1}a_j \quad (n=2,3,4,\cdots)$$

であるから，$n=k+1$ のときの不等式に③を用いて，

$$a_{k+1}<2(k+1)^2+\frac{1}{k+1}\sum_{j=1}^{k}a_j$$
$$<2(k+1)^2+(k+1)^2=3(k+1)^2.$$
$$\therefore\ a_{k+1}<3(k+1)^2$$

これは $n=k+1$ に対しても①が成り立つことを示している．したがって，①はすべての自然数 n に対して成り立つ． (了)

問題 3

次の等式を数学的帰納法によって証明せよ．
$$\frac{1}{2\cdot 3}+\frac{1}{3\cdot 4}+\cdots+\frac{1}{(n+1)(n+2)}=\frac{n}{2(n+2)}$$

(九州芸術工科大学)

数学的帰納法で公式を証明する典型的問題である．それだけに，形式をきちんと整えたい．

解答 $n=1$ のとき，
$$左辺=\frac{1}{2\cdot 3}=\frac{1}{6}, \quad 右辺=\frac{1}{2(1+2)}=\frac{1}{6}$$

したがって，等式は成立する．

次に，$n=k$ のとき与えられた等式は成立すると仮定すれば，

215

$$\frac{1}{2\cdot 3}+\frac{1}{3\cdot 4}+\cdots+\frac{1}{(k+1)(k+2)}=\frac{k}{2(k+2)}.$$

両辺に
$$\frac{1}{(k+2)(k+3)}$$
を加えれば,
$$\frac{1}{2\cdot 3}+\frac{1}{3\cdot 4}+\cdots+\frac{1}{(k+2)(k+3)}$$
$$=\frac{k}{2(k+2)}+\frac{1}{(k+2)(k+3)}$$
$$=\frac{k(k+3)+2}{2(k+2)(k+3)}=\frac{(k+1)(k+2)}{2(k+2)(k+3)}$$
$$=\frac{k+1}{2(k+3)}.$$

この結果は与えられた等式が $n=k+1$ のときも成立することを示している. したがって,等式はすべての自然数 n に対して成立する.　　　　(了)

問題 4

m, n は自然数, θ は $0 \leqq \theta \leqq 2\pi$ とする.

(1) $\cos\theta$, $\sin\theta$ がともに有理数ならば,
$$\cos m\theta, \quad \sin m\theta$$
はともに有理数になることを示せ.

(2) $\cos\theta = \dfrac{n^2-1}{n^2+1}$, $\sin\theta = \dfrac{2n}{n^2+1}$ ならば $\theta < \dfrac{\pi}{n}$ となることを示せ.

(3) 円 $x^2+y^2=1$ 上の任意の点 $P(x, y)$ に対して,この円上の点 $Q(x', y')$ で中心角 $\angle POQ$ が $\dfrac{\pi}{n}$ 以下であって, x', y' がともに有理数となるものがあることを示せ.　　　　(お茶の水女子大学)

Section 5　数学的帰納法の原理

解答　(1) m に関する数学的帰納法で証明する．まず $m=1$ のときは確かに成り立つ．そこで，$m=k$ のとき成り立つと仮定すると，
$$\cos(k+1)\theta = \cos k\theta \cos\theta - \sin k\theta \sin\theta$$
$$\sin(k+1)\theta = \sin k\theta \cos\theta + \cos k\theta \sin\theta$$
の右辺は有理数の和，差，積であるから，やはり有理数である．
∴ $\cos(k+1)\theta$, $\sin(k+1)\theta$ は有理数である．
これは $m=k+1$ のときも成り立つことを示している．したがって，m が任意の自然数のとき命題は正しい．

(2) $\cos\theta = \dfrac{n^2-1}{n^2+1} \geqq 0$, $\sin\theta = \dfrac{2n}{n^2+1} > 0$ $(0 \leqq \theta < 2\pi)$
であるから，
$$0 < \theta \leqq \frac{\pi}{2}. \qquad \cdots\cdots ①$$
一般に，$0 < x < \dfrac{\pi}{2}$ のとき $x < \tan x$ が成り立つから，①より，
$$\frac{\theta}{2} < \tan\frac{\theta}{2}. \qquad \cdots\cdots ②$$
しかるに，
$$\tan\frac{\theta}{2} = \sqrt{\frac{1-\cos\theta}{1+\cos\theta}} = \sqrt{\frac{2}{2n^2}} = \frac{1}{n}.$$
したがって，②より，
$$\frac{\theta}{2} < \frac{1}{n}.$$
$$\therefore \theta < \frac{2}{n} < \frac{\pi}{n}.$$

(3) 半径 OP が x 軸の正方向となす角を α $(0 \leqq \alpha < 2\pi)$ とする．(2)で定まる θ に対して，
$$\left[\frac{\alpha}{\theta}\right] = m \quad ([\ ] \text{はガウスの整数記号}),$$
すなわち，
$$m\theta \leqq \alpha < (m+1)\theta$$
なる自然数 m をとれば，点 Q(x', y') を

$$x' = \cos(m+1)\theta, \quad y' = \sin(m+1)\theta$$

とするとき，x', y' は (1) より有理数で，かつ，

$$\angle POQ = (m+1)\theta - \alpha \leqq (m+1)\theta - m\theta = \theta < \frac{\pi}{n}.$$

$$\therefore \quad \angle POQ < \frac{\pi}{n} \tag{了}$$

> **問題 5**
>
> 任意の整数 n に対して，
> $$(\cos\theta + i\sin\theta)^n = \cos n\theta + i\sin n\theta$$
> が成り立つことを証明せよ．ただし，$i^2 = -1$ とする．

これを**ド・モアブルの定理**という．n が正，0，負の場合について証明しなければならない．

解答 まず負でない整数 n について数学的帰納法によって証明する．$n = 0$ のとき，左辺 = 右辺 = 1 となり，等式は正しい．そこで，等式がある負でない整数 k について正しいとすれば，

$(\cos\theta + i\sin\theta)^{k+1}$
$= (\cos\theta + i\sin\theta)^k (\cos\theta + i\sin\theta)$
$= (\cos k\theta + i\sin k\theta)(\cos\theta + i\sin\theta)$
$= \cos k\theta \cos\theta - \sin k\theta \sin\theta + i(\cos k\theta \sin\theta + \sin k\theta \cos\theta)$
$= \cos(k+1)\theta + i\sin(k+1)\theta.$

$\therefore$ 等式は $k+1$ のときも正しい．

したがって，与えられた等式は負でないすべての整数 n について正しい．

次に，任意の負の整数 $-n$ $(n > 0)$ に対して，

$$(\cos\theta + i\sin\theta)^{-1} = \cos\theta - i\sin\theta$$

に注意して，前半の結果を用いれば，
$$\begin{aligned}(\cos\theta+i\sin\theta)^{-n} &= (\cos\theta-i\sin\theta)^n \\ &= \{\cos(-\theta)+i\sin(-\theta)\}^n \\ &= \cos n(-\theta)+i\sin n(-\theta) \\ &= \cos(-n)\theta+i\sin(-n)\theta.\end{aligned}$$
したがって，等式は負の整数 $-n$ ($n>0$) に対しても正しい．以上より，任意の整数 n に対して等式は成り立つ． (了)

注意 負の整数 n に対して，数学的帰納法を，

「(1) $n=-1$ のとき成立する．

(2) $n=-k(k>0)$ のとき成立すると仮定すれば，$n=-k-1$ のときも成立する」

という形式で用いてもよい．

Section 6

2項定理と多項定理

n 個のものから r 個のものを選び出す組合せの数
$$_nC_r = \frac{n!}{r!(n-r)!} \quad (0 \leq r \leq n)$$
は文字式の計算において非常に重要な役割を演じる. 負でない整数 n を一定にして, $r = 0, 1, 2, \cdots, n$ と動かしたときの一組の数
$$_nC_0, \ _nC_1, \ _nC_2, \cdots, \ _nC_n$$
が, いわゆる**パスカルの3角形**

```
n=0                 1
n=1               1   1
n=2             1   2   1
n=3           1   3   3   1
n=4         1   4   6   4   1
n=5       1   5  10  10   5   1
```

の第 n 行 ($n = 0, 1, 2, \cdots$) を作ることはよく知られているが, この一組の数が**2項係数**と呼ばれて, $(a+b)^n$ の展開式の係数となるのである.

たとえば, $n = 5$ のときは, パスカルの3角形で $n = 5$ の行は
$$1, 5, 10, 10, 5, 1$$
だから,

Section 6 2項定理と多項定理

$$(a+b)^5 = a^5 + 5a^4b + 10a^3b^2 + 10a^2b^3 + 5ab^4 + b^5$$

と展開される．一般に，次の重要な定理が成り立つ：

(2 項定理)　　$(a+b)^n = \displaystyle\sum_{r=0}^{n} {}_nC_r a^{n-r} b^r$

この右辺は a, b に関する n 次の同次式であり，a は"降ベキの順"に，また b は"昇ベキの順"に配置されている．なお，$0! = 1$ と規約されていることに注意せよ．

2項定理が成立する理由は，

$$(a+b)^n = (a+b)(a+b)\cdots(a+b)$$

を展開するとき，$a^{n-r}b^r$ の形の項が生じるのは，右辺の n 個の括弧から b を選ぶ r 個の括弧を指定する（このとき，残りの $n-r$ 個の括弧からは必然的に a が選ばれる）組合せの数 ${}_nC_r$ だけの場合があるからである．

問題 1

次の展開式における x^2 の係数を求めよ：

(1) $(x-3)^5$

(2) $\left(x+\dfrac{1}{x}\right)^8$

2項定理における右辺を $(a+b)^n$ の2項展開といい，

$${}_nC_r a^{n-r} b^r = \dfrac{n!}{r!(n-r)!} a^{n-r} b^r$$

を2項展開の**一般項**という．この2項係数が問題になっているわけである．

解答　(1) 一般項

$${}_5C_r x^{5-r}(-3)^r$$

において，$5-r=2$，すなわち，$r=3$ だから，そのときの係数は

221

$$_5C_3(-3)^3 = -\frac{5! \cdot 3^3}{3!2!} = -270. \qquad \cdots\cdots (\text{答})$$

(2) 一般項

$$_8C_r x^{8-r}\left(\frac{1}{x}\right)^r = {}_8C_r x^{8-2r}$$

において, $8-2r=2$, すなわち, $r=3$ だから, そのときの係数は

$$_8C_3 = \frac{8!}{3!5!} = 56. \qquad \cdots\cdots (\text{答})$$

さて, 2項定理は, しばしば, 次の形で用いられる：

「2項展開

$$(1+x)^n = 1 + c_1 x + c_2 x^2 + \cdots + c_n x^n$$

の係数は

$$c_r = {}_nC_r = \frac{n!}{r!(n-r)!} \quad (r=0,1,\cdots,n)$$

である.」

この定理を用いると, 2項係数に関するいろいろな公式が証明できる. たとえば, 両辺で $x=1$ とおけば,

$$c_0 + c_1 + c_2 + \cdots + c_n = 2^n,$$

また, $x=-1$ とおけば,

$$c_0 - c_1 + c_2 - \cdots + (-1)^n c_n = 0$$

が得られる. この第1式は, パスカルの3角形の第 n 行の**行和**が

$$2^n \quad (n=0,1,2,\cdots)$$

であることを述べている. また, 第2式は第 n 行の数を $+-$ 交互にとった和が常に 0 であることを述べている.

じつは, このような"代入"は x が複素数であってもよい. たとえば, $i^2 = -1$ のとき,

$$(1+i)^5 = 1 + 5i + 10i^2 + 10i^3 + 5i^4 + i^5 = -4 - 4i$$

である.

Section 6　2項定理と多項定理

問題 2

$(1+i)^n$ $(n=1,2,3,4,5)$ を複素平面上に図示せよ．

解答　$1+i$ ……①

$(1+i)^2 = 2i$ ……②

$(1+i)^3 = -2+2i$ ……③

$(1+i)^4 = -4$ ……④

$(1+i)^5 = -4-4i$ ……⑤

であるから，この結果を複素平面上に図示すればよい．

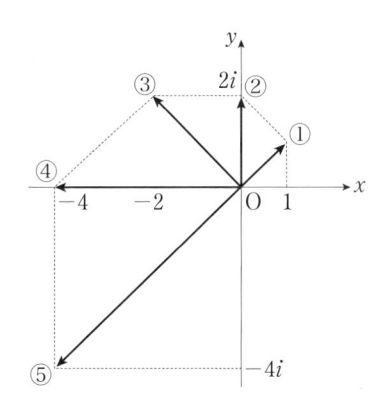

注意　読者は，$n=6,7,\cdots$ のとき $(1+i)^n$ がどのような点を動くか，また，$n=0,-1,-2,\cdots$ のときはどうかを考えてもらいたい．因みに，

$$(1+i)^0 = 1, \quad (1+i)^{-1} = \frac{1}{2} - \frac{1}{2}i$$

である．

第 2 部　代数学 MENU

> **問題 3**
>
> 正の整数 n において，
> $$c_r = {}_n C_r \quad (r = 0, 1, \cdots, n)$$
> とおくとき，次式を証明せよ：
>
> (1) $c_0 - c_2 + c_4 - + \cdots = 2^{\frac{n}{2}} \cos \dfrac{n\pi}{4}$
>
> (2) $c_1 - c_3 + c_5 - + \cdots = 2^{\frac{n}{2}} \sin \dfrac{n\pi}{4}$

解答　$1+i$ の表示は
$$\sqrt{2}\left(\cos \frac{\pi}{4} + i \sin \frac{\pi}{4}\right)$$
であるから，n 乗すれば，ド・モアブルの公式を用いて，
$$(1+i)^n = 2^{\frac{n}{2}}\left(\cos \frac{n\pi}{4} + i \sin \frac{n\pi}{4}\right).$$
左辺は
$$1 + c_1 i + c_2 i^2 + \cdots + c_n i^n$$
$$= (c_0 - c_2 + c_4 - + \cdots) + i(c_1 - c_3 + c_5 - + \cdots)$$
と展開されるから，両辺の実部，虚部を比較すれば，(1), (2) を得る．（了）

> **問題 4**
>
> (1) $\displaystyle\sum_{k=1}^{n}(x+1)^k$ を x についての多項式に整理したときの x^2 の係数を求めよ．
>
> (2) $\displaystyle\sum_{k=1}^{n}(x+2)^k$ を x についての多項式に整理したときの x の係数を求めよ．
>
> （茨城大学）

解答 (1) $n \geqq 2$ のとき,
$$\sum_{k=1}^{n}(x+1)^k = (x+1) + \sum_{k=2}^{n}(x+1)^k$$
$$= x+1 + \sum_{k=2}^{n}\left(\sum_{r=0}^{k}{}_kC_r x^r\right)$$

であるから, x^2 の係数は右辺において $r=2$ のときであり,

$$\sum_{k=2}^{n}{}_kC_2 = \sum_{k=2}^{n}\frac{k(k-1)}{2} = \sum_{k=1}^{n}\frac{k(k-1)}{2}$$
$$= \frac{1}{2}\left(\sum_{k=1}^{n}k^2 - \sum_{k=1}^{n}k\right)$$
$$= \frac{1}{2}\left\{\frac{n(n+1)(n+2)}{6} - \frac{n(n+1)}{2}\right\}$$
$$= \frac{n(n+1)(n-1)}{6} \quad \cdots\cdots(答)$$

これは $n=1$ のときも 0 となって成立している.

(2) $\displaystyle\sum_{k=1}^{n}(x+2)^k = \sum_{k=1}^{n}\left(\sum_{r=0}^{k}{}_kC_r 2^{k-r}x^r\right)$

であるから, x の係数を S_n とおくと, $r=1$ として,

$$S_n = \sum_{k=1}^{n}{}_kC_1 2^{k-1} = \sum_{k=1}^{n}k\cdot 2^{k-1}$$
$$= 1 + 2\cdot 2 + 3\cdot 2^2 + \cdots + n\cdot 2^{n-1}$$

このとき,

$$2S_n - S_n = n\cdot 2^n - (1 + 2 + 2^2 + \cdots + 2^{n-1})$$
$$= n\cdot 2^n - \frac{2^n-1}{2-1} = (n-1)2^n + 1.$$
$$\therefore \quad S_n = (n-1)2^n + 1 \quad \cdots\cdots(答)$$

注意 この解答で, (2) の最後の部分は次のようにしても S_n が求められる.

$$1 + x + x^2 + \cdots + x^n = \frac{x^{n-1}-1}{x-1} \quad (x \neq 1)$$

であるから, 両辺を x で微分すれば,

$$1+2x+\cdots+nx^{n-1}$$
$$=\frac{(n+1)x^n(x-1)-(x^{n+1}-1)}{(x-1)^2}$$
$$=\frac{nx^{n+1}-(n+1)x^n+1}{(x-1)^2}$$

ここで,$x=2$ を代入すれば,
$$S_n = 1+2\cdot 2+3\cdot 2^n+\cdots+n\cdot 2^{n-1}$$
$$= n\cdot 2^{n+1}-(n+1)2^n+1$$
$$= (n-1)2^n+1 \quad \cdots\cdots(\text{答})$$

このように,x を含む2項展開式の両辺を x について微分するという技法は,しばしば用いられるところである.次の解答もその典型である.

問題5

n が正の整数のとき,
$$\sum_{k=0}^{n} k^2 {}_nC_k$$
の値を計算せよ. (法政大学)

解答 $c_r = {}_nC_r \ (r=0,1,\cdots,n)$ とおけば,
$$(1+x)^n = 1+c_1 x+c_2 x^2+\cdots+c_n x^n$$
であるから,両辺を x について微分すれば,
$$n(1+x)^{n-1} = c_1+2c_2 x+\cdots+nc_n x^{n-1}.$$
両辺を x 倍して
$$n(1+x)^{n-1}x = c_1 x+2c_2 x^2+\cdots+nc_n x^n.$$
再び x について微分すれば
$$n(n-1)(1+x)^{n-2}x+n(1+x)^{n-1} = c_1+2^2 c_2 x+\cdots+n^2 c_n x^{n-1}.$$
ここで,両辺に $x=1$ を代入すれば,

$$n(n-1)2^{n-2}+n\cdot 2^{n-1}=n(n+1)2^{n-2}=c_1+2^2c_2+\cdots+n^2c_n.$$

$$\therefore \sum_{k=0}^{n} k^2{}_nC_k = n(n+1)2^{n-2} \qquad \cdots\cdots(答)$$

さて，2項係数

$$_nC_r = \frac{n!}{r!(n-r)!} \quad (0 \leqq r \leqq n)$$

において，r, $n-r$ をあらためて p, q とおけば，2項定理は

$$(a+b)^n = \sum_{p+q=n} \frac{n!}{p!q!} a^p b^q$$

と表される．この形式を $(a+b+\cdots+c)^n$ に拡張したものが次の定理である：

「正の整数 n について，

$$(a+b+\cdots+c)^n = \sum \frac{n!}{p!q!\cdots r!} a^p b^q \cdots c^r$$

ただし，Σ は

$$p+q+\cdots+r = n$$

を満たす負でない整数 p, q, $\cdots$, r のすべての組にわたる和を表す．」

(多項定理)

例 $(a+b+c)^3$ を展開せよ．

$p+q+r=3$ を満たす負でない整数は次の 10 通りである．

p	3	2	2	1	1	0	0	0	0	1
q	0	1	0	2	0	3	0	2	1	1
r	0	0	1	0	2	0	3	1	2	1

ここで，たとえば，$p=1$, $q=0$, $r=2$ の場合の係数は

$$\frac{3!}{1!0!2!} = 3 \quad (ac^2 \text{ の係数})$$

となる．他の場合も同様にして計算できる．

$$\therefore (a+b+c)^3 = a^3+3a^2b+3a^2c+3ab^2+3ac^2$$
$$+b^3+c^3+3b^2c+3bc^2+6abc \qquad \cdots\cdots(答)$$

第2部　代数学 MENU

例　$(a+b+c)^5$ の展開式における a^3b^2 の係数を求めよ．

これは次の"多項係数"を単純に計算すればよい．

$$\frac{5!}{3!2!0!} = \frac{5\times 4}{2} = 10.$$

問題 6

次の各式の展開式について括弧内のものを求めよ：

(1) $(x+3y-2z)^6$　（xy^2z^3 の係数）

(2) $\left(2x+3+\dfrac{1}{x}\right)^5$　（定数項）

解答　(1) 一般項は

$$\frac{6!}{p!q!r!}x^p(y)^q(-2z)^r = \frac{6!3^q(-2)^r}{p!q!r!}x^py^qz^r$$

であるから，$p=1$，$q=2$，$r=3$ とおけば，xy^2z^3 の係数は

$$\frac{6!3^2(-2)^3}{1!2!3!} = -4320 \qquad \cdots\cdots(答)$$

(2) 一般項は

$$\frac{5!}{p!q!r!}(2x)^p 3^q \left(\frac{1}{x}\right)^r = \frac{5!2^p 3^q}{p!q!r!}x^{p-r}$$

であるから，$p-r=0$ より，$p=r$．このとき，

$$p+q+r = 2p+q = 5$$

となる負でない整数 p, q の組は

$$(0,\ 5),\quad (1,\ 3),\quad (2,\ 1)$$

の3通りあるから，求める定数項は

$$\frac{5!2^0 3^5}{0!5!0!} + \frac{5!2\cdot 3^3}{1!3!1!} + \frac{5!2^2\cdot 3}{2!1!2!} = 1683 \qquad \cdots\cdots(答)$$

Section 7

剰余定理と組立て除法

　まず，いくつかの用語について説明しておきたい．
　整式
$$f(x) = a_0 x^n + a_1 x^{n-1} + \cdots + a_n \quad (a_0 \neq 0)$$
のことを，本講では**多項式**という．もともと多項式とはいくつかの"単項式"の和になっている式の意味であるが，通常，多項式という言葉を本構のように整式の同義語として用い，単項式は多項式の特別な場合と解釈する．

　多項式 $f(x)$ を 0 に等しいと置いてできる方程式
$$f(x) = 0$$
を**代数方程式**といい，その解を多項式 $f(x)$ の**根**（root）という．"解"と"根"はほぼ同義語として用いられるが，次のような違いがある：
(1) "根"は代数方程式のときだけ使われるが，"解"は代数方程式，分数方程式，無理方程式，連立方程式，微分方程式など，方程式の種類を問わない．
(2) "根"は多項式 $f(x)$ に固有のものであるが，"解"は方程式
$$f(x) = c \quad (定数)$$
に付随するものである．

　かつては，根の公式，根と係数の関係，重根，実根，虚根などと，もっぱら"根"という用語が使われていたが，今日の高校数学では"解"という用語が優勢になってしまった．多項式 $f(x)$ に固有のものというより，個々の練習問題の解答というニュアンスもあるようである．だが，平方根，

立方根，1のn乗根，…などという用語もあり，すべてを"解"で押し切ることは難しいのではないだろうか．

さて，閑話休題──．多項式 $f(x)$ の最高次の項 x^n の係数 a_0 が 0 でないとき，n を $f(x)$ の**次数** (degree) といい，
$$\deg f(x) = n$$
で表す．定数 $c \neq 0$ も**定数多項式**といい，その次数は 0 とする．ただし，**零多項式** 0 の次数は定義しない．それは，零多項式 0 が次の定理を満たさないからである：

「二つの多項式，$f(x)$, $g(x)$ に対して，
$$\deg f(x)g(x) = \deg f(x) + \deg g(x)$$
が成り立つ．」

便宜上，$\deg 0 = -\infty$ と規約することもある．というのは，このように規約すれば，$f(x)$ または $g(x)$ が 0 であっても上の定理が成り立つからである．

「$f(x)$, $g(x) \neq 0$ を任意の多項式とするとき，
$$f(x) = q(x)g(x) + r(x), \quad \deg r(x) < \deg g(x)$$
なる $q(x)$, $r(x)$ が存在する．」(**除法定理**)

このとき，$q(x)$ を**商**，$r(x)$ を**剰余** (余り) という．とくに $r(x) = 0$ なるとき，$f(x)$ は $g(x)$ で**整除される** (割り切れる) といい，$f(x)$ は $g(x)$ の**倍数**，$g(x)$ は $f(x)$ の**約数**という．

次の定理が基本的である：

「多項式 $f(x)$ を 1 次式 $x - \alpha$ で割ったときの剰余は $f(\alpha)$ である．」(**剰余定理**)

「多項式 $f(x)$ が 1 次因数 $x - \alpha$ を持つ $\iff f(\alpha) = 0$」(**因数定理**)

証明 $f(x)$ を $x - \alpha$ で割ったときの商を $q(x)$，剰余を $r(x)$ とすれば，1 次式で割ったのだから $r(x) = r$ (定数) となる．
$$\therefore f(x) = q(x)(x - \alpha) + r.$$

Section 7 剰余定理と組立て除法

ここで $x = \alpha$ を代入すれば,
$$f(x) = q(\alpha)(\alpha - \alpha) + r = r.$$
これで剰余定理が証明できた. 次に, 因数定理は, その系として,
$$f(x) = q(x)(x - \alpha) \Longleftrightarrow f(\alpha) = 0$$
より明らかである. (了)

さて, 与えられた多項式
$$f(x) = a_0 x^n + a_1 x^{n-1} + \cdots + a_n \quad (a \neq 0)$$
を 1 次式 $x - \alpha$ で割ったときの商
$$q(x) = b_0 x^{n-1} + b_1 x^{n-2} + \cdots + b_{n-1}$$
と剰余 $f(\alpha)$ を求めるには次の**組立て除法**によるのが最も効率的である：

$\underline{\alpha}$	a_0	$a_0\cdots$	a_2	$\cdots$	a_n
		$b_0 \alpha$	$b_1 \alpha$	$\cdots$	$b_{n-1}\alpha$
	b_0	b_1	b_2		r

> **問題 1**
>
> 多項式 $f(x)$ において, 最高次の係数 a_0 が 1 であるとき**モニック** (monic) であるという. 整数係数の多項式 $f(x)$ がモニックであるとき, 次のことを証明せよ：
> (1) α が**有理根** (有理数の根) ならば, α は整数である.
> (2) α が整数の根ならば, α は定数項 a_n の (正または負の) 約数である.

この問題によれば, 組立て除法により整数係数のモニックな多項式 $f(x)$ の整数の根 α を見つけるには, 定数項 a_n の正負の約数の中から見つければ十分である. たとえば, 方程式

$$x^3 - 19x + 30 = 0$$

を解くには，$30 = 2 \times 3 \times 5$ の約数

$$\pm 1, \ \pm 2, \ \pm 3, \ \pm 5, \ \pm 6, \ \pm 10, \ \pm 15, \ \pm 30$$

を調べて，

```
  2 | 1    0   -19    30
    |      2     4   -30
  3 | 1    2   -15 |   0
    |      3    15 |
 -5 | 1    5     0 |
    |     -5       |
      1    0
```

$$\therefore \ x = 2, \ 3, \ -5$$

とすればよい．

解答 仮定より

$$f(x) = x^n + a_1 x^{n-1} + \cdots + a_n \quad (a_1, \ a_2, \ \cdots, \ a_n \text{ は整数})$$

とおく．

(1) $f(x)$ が有理根 $\alpha = \dfrac{p}{q}$ （既約分数）を持つとすれば，

$$f\left(\frac{p}{q}\right) = \frac{p^n}{q^n} + a_1 \frac{p^{n-1}}{q^{n-1}} + \cdots + a_n = 0$$

であるから，両辺に q^n を掛けて，

$$p^n + a_1 p^{n-1} q + \cdots + a_{n-1} p q^{n-1} + a_n q^n = 0.$$

$$\therefore \ p^n = -q(a_1 p^{n-1} + \cdots + a_{n-1} p q^{n-2} + a_n q^{n-1}).$$

p と q は互いに素だから，$q = \pm 1$.

$$\therefore \ \alpha = \pm p \ (\text{整数}).$$

(2) α が整数の根ならば，

$$f(\alpha) = \alpha^n + a_1 \alpha^{n-1} + \cdots + a_n = 0.$$

$$\therefore \ a_n = -\alpha(\alpha^{n-1} + a_1 \alpha^{n-2} + \cdots + a_{n-1}).$$

したがって，a は a_n の約数である． (了)

[注意] もちろん，整数係数のモニックな多項式 $f(x)$ といえども，整数の根を持たないかもしれないし，無理根や虚根を持つかもしれない．

問題 2

次の方程式を解け：
(1) $x^4 - 6x^2 - 8x - 3 = 0$
(2) $x^3 - x^2 + 4x - 4 = 0$
(3) $x^3 - 6x + 4 = 0$

[解答] 組立て除法を用いる．

(1)
```
-1 | 1   0   -6   -8   -3
   |    -1    1    5    3
     1  -1   -5   -3  | 0
         -1    2    3
     1  -2   -3  | 0
         -1    3
     1  -3  | 0
```
$\therefore -1$ (3重根), 3 ……(答)

(2)
```
 1 | 1  -1   4   -4
   |     1   0    4
     1   0   4  | 0
```
$\therefore$ 与式 $= (x-1)(x^2+4)$
$\therefore 1, \pm 2i$ ……(答)

(3)
$$\begin{array}{r|rrrr} 2 & 1 & 0 & -6 & 4 \\ & & 2 & 4 & -4 \\ \hline & 1 & 2 & -2 & 0 \end{array}$$

$$\therefore 与式 = (x-2)(x^2+2x-2)$$
$$\therefore 2, \ -1\pm\sqrt{3} \qquad \cdots\cdots(答)$$

問題 3

a, b, c は実数で，$a \neq 0$ とする．方程式
$$ax^3+(a+b)x^2+(b+c)x+c=0$$
が3重根を持つための a, b, c の条件を求めよ．

解答 $f(x)=ax^3+(a+b)x^2+(b+c)x+c$ とおけば，$f(-1)=0$ であるから，組立て除法により，

$$\begin{array}{r|rrrr} -1 & a & a+b & b+c & c \\ & & -a & -b & -c \\ \hline & a & b & c & 0 \end{array}$$

$$\therefore f(x)=(x+1)(ax^2+bx+c)$$

そこで，$f(x)=0$ が3重根を持つためには，
$$ax^2+bx+c=a(x+1)^2$$
となることが必要十分である．
$$右辺 = ax^2+2ax+a$$
であるから，左辺と係数を比較して，求める条件は，
$$a=c=\frac{1}{2}b. \qquad \cdots\cdots(答)$$

別解 組立て除法を続行して，

Section 7　剰余定理と組立て除法

```
-1 |  a      b       c
          -a      a-b
   ─────────────────────
      a    b-a  | a-b+c
          -a
   ──────────────
      a  | b-2a
```

$\therefore a-b+c = 0, \ b-2a = 0.$

$\therefore a = c = \dfrac{1}{2}b.$ ……(答)

問題 4

3次方程式
$$x^3 - (a+2)x^2 + (3a+2)x + b = 0 \qquad \cdots\cdots ①$$
は $x=2$ を解に持つ．

(1) b を a の式で表せ．

(2) 方程式①の実数解が2だけであるとき，実数 a のとりうる範囲を求めよ． (広島県立大学)

解答　(1) 組立て除法により

```
2 |  1    -a-2    3a+2     b
          2      -2a      2a+4
   ──────────────────────────────
      1    -a     a+2  |  b+2a+4
```

$\therefore b + 2a + 4 = 0$

$\therefore b = -2a - 4$ ……(答)

(2) もし2が3重根ならば，組立て除法を続行して，

$$\begin{array}{r|rrr} 2 & 1 & -a & a+2 \\ & & 2 & 4-2a \\ \hline & 1 & 2-a & 6-a \\ & & 2 & \\ \hline & 1 & 4-a & \end{array}$$

$$\therefore\ a=6,\ a=4\ (矛盾)$$

したがって, 2 は 3 重根ではありえない. そこで,

$$与式=(x-2)(x^2-ax+a+2)$$

において, 2 次方程式

$$x^2-ax+a+2=0$$

は虚根だけを持つ. したがって, 判別式 $D<0$ より,

$$D=a^2-4a-8<0.$$

$$\therefore\ 2-2\sqrt{3}<a<2+2\sqrt{3} \qquad \cdots\cdots (答)$$

問題 5

次の各問に答えよ.

(1) $y=x^2+\dfrac{1}{x^2}$ とおくとき, y のとる値の範囲を求めよ.

(2) 関数 $f(x)=x^8-16x^2-\dfrac{16}{x}+\dfrac{1}{x^8}$ の最小値を求めよ.

(山形大学)

解答 (1) $\left(x-\dfrac{1}{x}\right)^2=x^2+\dfrac{1}{x^2}-2=y-2\geqq 0.$

$$\therefore\ y\geqq 2.$$

但し, 等号は $x^2=1$, すなわち, $x=\pm 1$ のときに限り成立する.

$$\lim_{x \to \infty}\left(x^2+\frac{1}{x^2}\right)=\infty, \quad \lim_{x \to 0}\left(x^2+\frac{1}{x^2}\right)=\infty$$

より，上限はない．

(2) $x^4+\dfrac{1}{x^4}=\left(x^2+\dfrac{1}{x^2}\right)^2-2=y^2-2,$

$\quad x^8+\dfrac{1}{x^8}=\left(x^4+\dfrac{1}{x^4}\right)^2-2=(y^2-2)^2-2$

$\qquad\qquad\qquad =y^4-4y^2+2$

$\therefore\ f(x)=y^4-4y^2+2-16y$

$\qquad\quad =y^4-4y^2-16y+2.$

組立て除法より，

```
  2 | 1    0    -4   -16     2
    |      2     4     0   -32
    |_____
      1    2     0   -16 | -30
```

$\therefore\ f(x)=(y-2)(y^3+2y^2-16)-30$

ここで，$y \geqq 2$ より，

$$y-2 \geqq 0, \quad y^3+2y^2-16 \geqq 0$$

であるから，$y=2$ のとき，すなわち，$x=\pm 1$ のとき，$f(x)$ は最小値 -30 をとる．

Section 8

代数学の基本定理

多項式（整式）
$$f(x) = a_0 x^n + a_1 x^{n-1} + \cdots + a_n \quad (a_0 \neq 0)$$
を 0 に等しいと置いてできる方程式 $f(x) = 0$ を**代数方程式**といい，その解を多項式 $f(x)$ の**根**（root）ともいうことは前回詳しく述べた．そこで述べた"因数定理"によれば，次のことがらは互いに同値であった：

(1) 代数方程式 $f(x) = 0$ が解 $x = \alpha$ を持つ，

(2) 多項式 $f(x)$ が根 α を持つ，

(3) 多項式 $f(x)$ が 1 次因数 $x - \alpha$ を持つ．

したがって，代数方程式を解くためには，多項式 $f(x)$ を 1 次因数の積に因数分解すればよいわけであるが，この場合，**係数の範囲**をどこまで認めるかによって分解の様子が異なってくる．

たとえば，多項式
$$f(x) = x^4 + 1$$
は，係数の範囲が整数，有理数に限られていればこれ以上の分解はできないが，実数の範囲では
$$(x^2 + \sqrt{2}\,x + 1)(x^2 - \sqrt{2}\,x + 1)$$
と分解できる．さらに，複素数の範囲では
$$\left(x - \frac{-\sqrt{2} + \sqrt{2}\,i}{2}\right)\left(x - \frac{-\sqrt{2} - \sqrt{2}\,i}{2}\right) \cdot$$
$$\left(x - \frac{\sqrt{2} + \sqrt{2}\,i}{2}\right)\left(x - \frac{\sqrt{2} - \sqrt{2}\,i}{2}\right)$$

Section 8　代数学の基本定理

と1次因数の積に分解されてしまう．このように，多項式の，

$$\begin{cases} 可約\cdots\cdots 二つ以上の因数に分解できること \\ 既約\cdots\cdots それ以上多くの因数に分解できないこと \end{cases}$$

を考えるときには，あらかじめ"係数の範囲"を定めておく必要がある．

　ガウスは22才のとき，いわゆる"代数学の基本定理"を証明して学位を得た．それは，「1変数の任意の実多項式が1次または2次の実多項式の積に分解しうることの新しい証明」(1799) という長い表題を持っている．上で見たように，係数の範囲を実数に限れば，多項式は2次因数を残すこともあるのである．

　今日の言葉では，通常，この定理は次のように述べられる：

ガウス (1777〜1855)

　「n次の代数方程式は，重複度も数えれば，複素数の範囲で必ずn個の根を持つ．」(**代数学の基本定理**)

　いいかえれば，n次の多項式$f(x)$は，複素数の範囲まで認めれば，必ずn個の1次因数の積に分解できるのである．

◆ **問題1**

実係数の多項式$f(x)$について，次のことを証明せよ：
(1) 任意の複素数αに対して，$\overline{f(\alpha)}=f(\overline{\alpha})$．
(2) もしαが方程式$f(x)=0$の虚根 (虚数解) ならば，$\overline{\alpha}$もそうである (これをαの**共役根**という)．

　複素数の共役が

$$\overline{\alpha^k}=(\overline{\alpha})^k \quad (k=1,2,\cdots,n)$$

を満たすことに注意する．また，実数 a の共役は a 自身である．

解答　(1) 実係数の多項式を
$$f(x) = a_0 x^n + a_1 x^{n-1} + \cdots + a_n$$
とすれば，
$$\begin{aligned}
\overline{f(\alpha)} &= \overline{a_0 \alpha^n + a_1 \alpha^{n-1} + \cdots + a_n} \\
&= a_0 \overline{\alpha^n} + a_1 \overline{\alpha^{n-1}} + \cdots + a_n \\
&= a_0 (\overline{\alpha})^n + a_1 (\overline{\alpha})^{n-1} + \cdots + a_n \\
&= f(\overline{\alpha}). \\
&\therefore \overline{f(\alpha)} = f(\overline{\alpha})
\end{aligned}$$

(2) $f(\alpha) = 0$ とすれば，(1) より，
$$f(\overline{\alpha}) = \overline{f(\alpha)} = \overline{0} = 0. \qquad (\text{了})$$

したがって，この問題により，次の興味ある事実がわかる：

「実係数多項式の根は複素平面上で実軸対称に分布する．」

なぜなら，実係数の代数方程式 $f(x) = 0$ の実根（実数解）はもともと実軸上にあるし，虚根はその共役根と一対になって実軸対称をなしているからである．

問題 2

$f(x) = x^3 - x^2 + 4x - 4$ について，次の問に答えよ．

(1) $f(x) = 0$ を解け．

(2) $f(x) = 0$ の 3 根を頂点とする 3 角形を複素平面上に図示せよ．

(3) 複素数
$$\frac{1 + \sqrt{11}\, i}{3}$$
は (2) の 3 角形の内部にあるか外部にあるかを判定せよ．

解答 (1) $f(x)=(x-1)(x^2+4)$
$$\therefore \quad x=1, \quad \pm 2i \qquad \cdots\cdots(答)$$
(2) 次図の通りである．

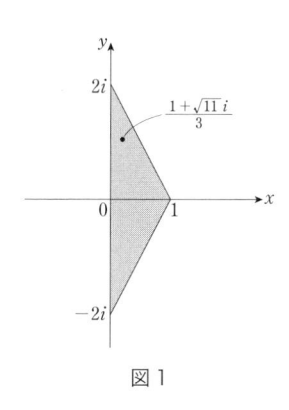

図1

(3) 2頂点 $2i$, 1 を通る直線の方程式は
$$y=-2x+2 \qquad \cdots\cdots ①$$
と表されるから，複素数 $\dfrac{1+\sqrt{11}\,i}{3}$ に対応する点
$$\left(\dfrac{1}{3}, \dfrac{\sqrt{11}}{3}\right) \qquad \cdots\cdots ②$$
を代入すると，$\sqrt{11}=3.3166\cdots$ に注意して，
$$\dfrac{\sqrt{11}}{3}=1.1055\cdots<-2\cdot\dfrac{1}{3}+2=\dfrac{4}{3}=1.3\cdots$$
したがって，点②は直線①の下側にある．よって，複素数は (2) の 3 角形の内部にある．

注意 多項式の根が複素平面上で実軸対称に分布するということは"実係数"でなければ成立しない．たとえば，複素係数の方程式
$$x^4-(1+4i)x^2+4i=0$$
の根は，因数分解

$$(x^2-1)(x^2-4i)=0$$

より，

$$x=\pm 1, \quad x=\pm(\sqrt{2}+\sqrt{2}\,i)$$

の 4 個であるが，これらは実軸対称には分布していない．

問題 3

方程式

$$x^4-6x^3+ax^2-14x+5=0$$

の 1 つの解が 1 であるとき，$a=$ (ア) で，他の解は (イ) である．

（日本獣医畜産大学）

解答　$x=1$ を代入して，

$$a=14. \qquad \cdots\cdots(答)$$

組立て除法より，

```
 1 | 1  -6   14  -14   5
   |     1  -5    9  -5
   ------------------------
     1  -5    9   -5 | 0
   |     1   -4    5
   ------------------------
     1  -4    5  | 0
```

したがって，方程式の左辺を $f(x)$ とおけば，

$$f(x)=(x-1)^2(x^2-4x+5).$$

そこで，$f(x)=0$ を解いて，

$$x=1 \text{（重根）}, \ 2\pm i \qquad \cdots\cdots(答)$$

問題 4

方程式
$$x^4 - 4x^2 + 8x + 35 = 0$$
の一つの根 $2+\sqrt{3}\,i$ がわかっているとき,すべての根を求めよ.

解答　与えられた方程式は実係数であるから,2 根
$$2+\sqrt{3}\,i, \quad 2-\sqrt{3}\,i$$
を同時に持つ.これらは根(解)と係数の関係より,2 次方程式
$$x^2 - 4x + 7 = 0$$
の根であるから,もとの方程式の左辺
$$f(x) = x^4 - 4x^2 + 8x + 35$$
は 2 次因数 $x^2 - 4x + 7$ を持つ.割り算を実行して,
$$f(x) = (x^2 - 4x + 7)(x^2 + 4x + 5).$$
したがって,$f(x) = 0$ より,
$$x = 2 \pm \sqrt{3}\,i, \quad -2 \pm i \qquad \cdots\cdots(\text{答})$$
を得る.

さて,実係数多項式の虚根はその共役根と対をなさなければならないから,次の重要な定理が導かれる:

「実係数の多項式は,重複度も数えれば,
(1) 奇数次ならば,奇数個 (少なくとも 1 個) の実根を持つ.また,
(2) 偶数次ならば,偶数個 (0 個の場合も含める) の実根を持つ.」
とくに,3 次方程式
$$ax^3 + bx^2 + cx + d = 0 \quad (a \neq 0)$$
は少なくとも一つの実根を持つ.

第2部 代数学 MENU

問題 5

3次方程式 $x^3+3x^2-1=0$ の1つの解を α とする.

(1) $(2\alpha^2+5\alpha-1)^2$ を
$$a\alpha^2+b\alpha+c$$
の形の式で表せ. ただし, a, b, c は有理数とする.

(2) 上の3次方程式の α 以外の2つの解を (1) と同じ形の式で表せ.

(東京大学)

解答 (1) $(2\alpha^2+5\alpha-1)^2$
$$=4\alpha^4+20\alpha^3+21\alpha^2-10\alpha+1$$
$$=4(\alpha+2)(\alpha^3+3\alpha^2-1)-3(\alpha^2+2\alpha-3).$$

題意より, $\alpha^3+3\alpha^2-1=0$ であるから,
$$(2\alpha^2+5\alpha-1)^2=-3\alpha^2-6\alpha+9. \qquad \cdots\cdots(答)$$

(2) 組立て除法より,

α	1	3	0	-1
		α	$\alpha(\alpha+3)$	$\alpha^2(\alpha+3)$
	1	$\alpha+3$	$\alpha(\alpha+3)$	0

$\therefore\ x^3+3x^2-1=(x-\alpha)\{x^2+(\alpha+3)x+\alpha(\alpha+3)\}$

したがって, α 以外の根は2次方程式
$$x^2+(\alpha+3)x+\alpha(\alpha+3)=0 \qquad \cdots\cdots\text{①}$$

の2根である. この判別式を D とすれば,
$$D=(\alpha+3)^2-4\alpha(\alpha+3)$$
$$=-3\alpha^2-6\alpha+9$$
$$=(2\alpha^2+5\alpha-1)^2 \qquad (\because (1) \text{の結果})$$
$$\geqq 0$$

であるから, 方程式①を解けば,

$$x = \frac{-(a+3) \pm \sqrt{D}}{2} = \frac{-(a+3) \pm (2a^2+5a-1)}{2}$$

複号を計算して，求める 2 根は

$$a^2+2a-2, \quad -a^2-3a-1. \qquad \cdots\cdots (答)$$

補足 この問題で，

$$f(x) = x^3 + 3x^2 - 1$$

とおけば，

$$f'(x) = 3x^2 + 6x = 3x(x+2)$$

であるから，曲線 $y = f(x)$ は $x = -2, 0$ で極値をとり，

$$\text{極大}(-2, 3), \quad \text{極小}(0, -1)$$

となることがわかる．曲線のグラフからもわかるように，方程式

$$x^3 + 3x^2 - 1 = 0$$

の 3 根とも実数である．なお，変曲点は $(-1, 1)$ である．

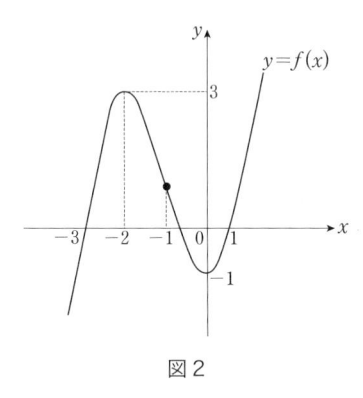

図 2

解答 (2) において，組立て除法を用いないのであれば，次のようにして解いてもよい．

いま，α 以外の根を β, γ とすると，根と係数の関係より，

$$\alpha + \beta + \gamma = -3, \quad \alpha\beta + \beta\gamma + \gamma\alpha = 0$$

であるから,
$$\beta+\gamma=-(\alpha+3), \quad \beta\gamma=\alpha(\alpha+3).$$
したがって,β と γ は2次方程式
$$t^2+(\alpha+3)t+\alpha(\alpha+3)=0$$
の2根である.以下,解答中の方程式①と同じになる.

Section 9

不等式と領域

　不等式には**条件つき不等式**と**絶対不等式**の2種類がある．条件つき不等式というのは，その式に含まれている変数のとる値の範囲に制限があり，したがって，その成立範囲を確定することが問題となる場合で，等式における"方程式"がこれに相当する．他方，絶対不等式というのは，式に意味がある限り変数のとる値の範囲に制限なく成立する場合で，その不等式の成立を証明することが問題になり，等式における"恒等式"がこれに相当する．

　不等式は数学のもっとも重要な概念の一つであり，入試問題でも出題頻度も多く，内容も多岐にわたっている分野である．ここでは，未知数 x, y を含む条件つき不等式と平面上の領域との関係についての基本事項をとりあげてみよう．

問題1

次の図に示したのは，
$$x = \pm 1, \quad y = \pm 1$$
で囲まれた正方形である．$x - y$ はこの正方形の中で図の $+$ と記した部分で正の値をとり，$-$ と記した部分で負の値をとる．

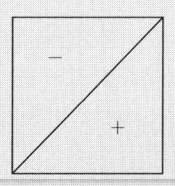

第2部 代数学 MENU

> $x-y$ の代りに，次の諸式を考えると，この正方形のどの部分で正，あるいは負となるか．上の図にならって図に記入せよ．
> (1) $x+y$ (2) x^2-y^2 (3) $(x+y)^2-1$
> (4) $|x|-|y|$ (5) $|x-y|-1$
>
> （東京大学）

　これは東京大学の"古典的問題"であるが，基本的問題なので練習問題として解いてみられた方も多いのではないかと思う．この問題では，正方形の中心に座標原点があり，それを通り水平に x 軸，垂直に y 軸があるものと考える．

　一般に，方程式 $f(x, y) = 0$ のグラフが平面を分けるとき，$f(x, y) > 0$ をみたす点 (x, y) の存在範図を $f(x, y)$ の**正領域**といい，$f(x, y) < 0$ をみたす点 (x, y) の存在範囲を $f(x, y)$ の**負領域**という．領域の正負を判定するには，境界線上にない点 (x_0, y_0) を代入して，もし $f(x_0, y_0) > 0$ ならその点 (x_0, y_0) のある側を正領域，そうでないなら負領域とすればよい．このとき，境界線を越すと正負の符号が変わる．

[解答]　(1) 式 $x+y$ に点 $(1, 1)$ を代入すれば，$1+1=2>0$．したがって，境界線 $x+y=0$ の上側が正領域，下側が負領域である．解答は図のようになる．

[注意]　点 $(1, 1)$ は与えられた正方形の頂点であるが，この正方形は解答用の"枠"であり領域の境界線ではないから，判定のために使用してもよい．この注意は以下も同じである．もちろん，他の点を代入して調べてもよい．
(2) $x^2-y^2 = (x-y)(x+y)$ より，境界線は $y = \pm x$．たとえば，点 $(1, 0)$ を代入すれば，$1^2 - 0^2 = 1 > 0$．したがって，この点のある側が正領域である．
(3) $(x+y)^2 - 1 = (x+y-1)(x+y+1)$ より，境界線は $y = -x \pm 1$．たとえ

Section 9　不等式と領域

ば，原点 $(0, 0)$ を代入すれば，その側が負領域と判定できる．
(4) $|x|-|y|$ の符号は x^2-y^2 の符号と同じになり，したがって (2) の解答と同じになる．
(5) $|x-y|-1$ の符号は
$$(x-y)^2-1=(x-y-1)(x-y+1)$$
の符号と同じである．境界線 $y=x\pm1$ を描いて，原点 $(0, 0)$ を代入すれば，その側が負領域と判定できる．

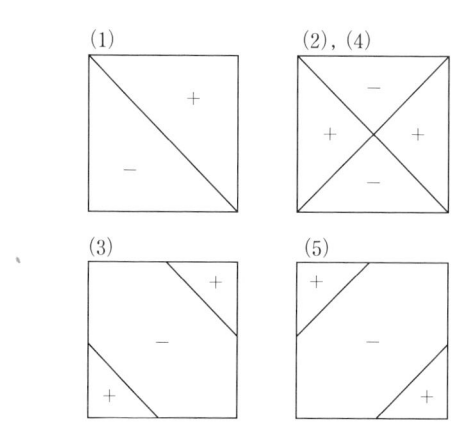

(1)　　　　　(2), (4)

(3)　　　　　(5)

補足　それでは，逆に，次の図のような符号をとる式 $f(x, y)$ の一例をあげてほしい．

ヒント：(3) と (5) の解答を重ね合せて考えてみられたい．

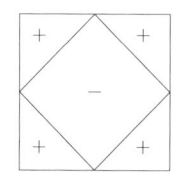

第2部 代数学 MENU

> **問題 2**
>
> a, b を正の定数とするとき,次の問に答えよ.
> (1) $|x+y|+|x-y|<a$ ならば,$|x|+|y|<a$ であることを示せ.
> (2) $|x|+|y|<a$ ならば,$x^2+y^2<a^2$ であることを示せ.
> (3) 『$x^2+y^2<a^2$ ならば $|x+y|+|x-y|<b$ である』という命題が真であるために正の定数 a, b が満たす関係を求めよ.
>
> (信州大学)

解答 4個の条件

$$|x+y|+|x-y|<a \quad \cdots\cdots ①$$
$$|x|+|y|<a \quad \cdots\cdots ②$$
$$x^2+y^2<a^2 \quad \cdots\cdots ③$$
$$|x+y|+|x-y|<b \quad \cdots\cdots ④$$

の成立する点 (x, y) の存在範囲をそれぞれ A, B, C, D とする.A, B, C は次のように図示できる.いずれも境界線は含まない.

(1) 図において,条件①を成立させる領域 A は条件②を成立させる領域 B に含まれるから,①ならば②である.

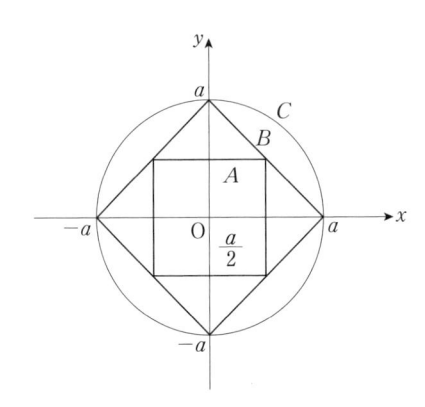

250

(2) (1) と同様にして，②ならば③である．
(3) 条件④は①と左辺が同じだから，D もやはり正方形領域となり，"③ならば④" となる条件は

$$a \leqq \frac{b}{2} \quad (\text{すなわち } 2a \leqq b) \quad \cdots\cdots(答)$$

となる．

|注意|　この問題は，命題と領域の関係をとらえることが肝要である．集合の記号で表せば，

$$A = \{(x, y) \mid 条件①\}$$
$$B = \{(x, y) \mid 条件②\}$$

などであり，

$$A \subset B \quad \text{と} \quad ① \Rightarrow ②$$

が対応しているわけである．

問題3

a, b を実数の定数とし，x についての次の2つの2次不等式を考える．

$$(x-a^2)(x-b^2) \leqq 0 \quad \cdots\cdots①$$
$$(x-1)(x-4) \leqq 0 \quad \cdots\cdots②$$

(1) 「①を満たす実数 x がすべて②を満たす」という条件を成り立たせるような a, b を座標とする点 (a, b) の存在範囲を図示せよ．
(2) 「①，②をともに満たす実数 x が存在する」という条件を成り立たせるような a, b を座標とする点 (a, b) の存在範囲を図示せよ．

(一橋大学)

条件①では a, b の正負および大小関係が与えられていないことに注意す

第2部 代数学 MENU

る．数直線上の区間で考察してみるとよい．

解答 条件①より，

$$|a| \leqq |b| \text{ のとき，} \quad a^2 \leqq x \leqq b^2 \quad \cdots\cdots ③$$
$$|a| \geqq |b| \text{ のとき，} \quad b^2 \leqq x \leqq a^2 \quad \cdots\cdots ④$$

また，条件②より，

$$1 \leqq x \leqq 4 \quad \cdots\cdots ⑤$$

に注意する．

(1) ①を満たす x がすべて②を満たすのは，区間③，④が⑤に含まれるときだから，

$$1 \leqq a^2 \leqq 4 \quad \text{かつ} \quad 1 \leqq b^2 \leqq 4$$
$$\therefore \quad 1 \leqq |a| \leqq 2 \quad \text{かつ} \quad 1 \leqq |b| \leqq 2$$

これを満たす点 (a, b) の存在範囲は，図の斜線部で，境界線を含む．

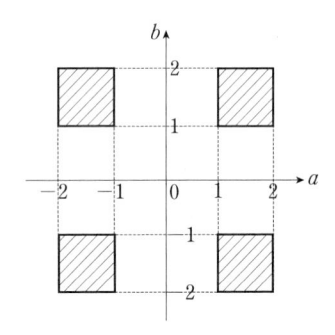

(2) 実数 x が条件①，②の少なくとも一方を"満たさない"のは，③，④，⑤より

$$|a| > 2 \quad \text{かつ} \quad |b| > 2$$

または

$$|a| < 1 \quad \text{かつ} \quad |b| < 1$$

のときである．したがって，条件①，②を共に満たす x の存在するのは，

252

この"否定"であり，求める点 (a, b) の存在範囲は図の斜線部で境界線を含む．

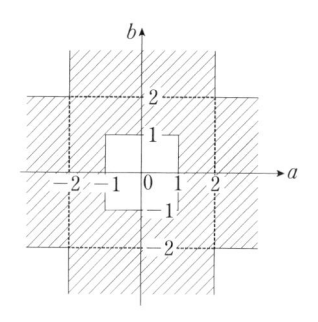

問題 4

(1) $y \leqq -x^2+4x+2$, $y \leqq 3x$, $y \geqq \dfrac{1}{2}x$ を同時に満足する点 (x, y) の存在する範囲を図示せよ．

(2) (1)で求めた存在範囲の面積 S を求めよ．

(3) 点 $P(4, 2)$ を通り S を 2 等分する直線の傾きを求めよ．

(玉川大学)

(2)は積分の問題であるが，このように，前半で求めた領域の面積，またはそれを回転させてできる回転体の体積を後半で求めさせるという形式の融合問題は非常に多い．

$y = f(x)$ のグラフに対して，不等式と領域の関係は，
$$y > f(x) \iff 曲線の上側$$
$$y < f(x) \iff 曲線の下側$$
となる．$\geqq$ または $\leqq$ の場合は境界線を含む．

解答 (1) 求める領域は，三つの曲線
$$y = -x^2 + 4x + 2 = -(x-2)^2 + 6 \qquad \cdots\cdots ①$$
$$y = 3x \qquad \cdots\cdots ②$$
$$y = \frac{1}{2}x \qquad \cdots\cdots ③$$
で囲まれた部分である．ここで，①と②の交点は
$$(2,\ 6),\quad (-1,\ -3).$$
①と③の交点は
$$(4,\ 2),\quad \left(-\frac{1}{2},\ -\frac{1}{4}\right)$$
②と③の交点は $(0,\ 0)$．これらの交点に注意して①，②，③のグラフを描けば，求める領域は図の斜線部で境界線を含む．

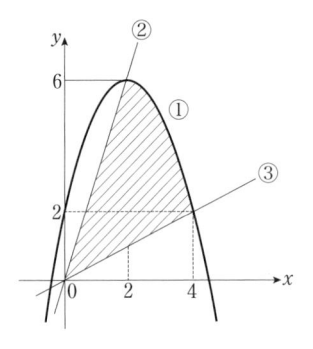

(2) S は次の A, B の和である．
$$A = \int_0^2 \left(3x - \frac{1}{2}x\right)dx = \int_0^2 \frac{5}{2}x\,dx = \frac{5}{2}\left[\frac{x^2}{2}\right]_0^2 = 5,$$
$$B = \int_2^4 \left(-x^2 + 4x + 2 - \frac{1}{2}x\right)dx = \int_2^4 \left(-x^2 + \frac{7}{2}x + 2\right)dx$$
$$= \left[-\frac{1}{3}x^3 + \frac{7}{4}x^2 + 2x\right]_2^4 = \frac{19}{3}.$$
$$\therefore\ S = 5 + \frac{19}{3} = \frac{34}{3} \qquad \cdots\cdots(答)$$

(3) 求める直線の傾きを m とすれば，この直線は点 $\mathrm{P}(4, 2)$ を通るから，
$$y-2 = m(x-4) \quad \cdots\cdots ④$$
直線④と②との交点を Q とすると，
$$\mathrm{Q}\left(\frac{2(1-2m)}{3-m},\ \frac{6(1-2m)}{3-m}\right).$$
したがって，
$$\triangle \mathrm{OPQ} = \frac{1}{2}\begin{vmatrix} 4 & \dfrac{2(1-2m)}{3-m} \\ 2 & \dfrac{6(1-2m)}{3-m} \end{vmatrix}$$
$$= \frac{12(1-2m)}{3-m} - \frac{2(1-2m)}{3-m} = \frac{10(1-2m)}{3-m} \quad \cdots\cdots ⑤$$
題意より，⑤は $\dfrac{S}{2}$ に等しいから，(1) の結果より，
$$\frac{10(1-2m)}{3-m} = \frac{17}{3}.$$
$$\therefore\ m = -\frac{21}{43} \quad \cdots\cdots (答)$$

[注意] (3) の解答では，次の定理を用いた：

「xy 平面上の 3 点
$$\mathrm{O}(0, 0), \quad \mathrm{A}(a_1, a_2), \quad \mathrm{B}(b_1, b_2)$$
を頂点とする $\triangle \mathrm{OAB}$ の面積は
$$S = \pm \frac{1}{2}\begin{vmatrix} a_1 & b_1 \\ a_2 & b_2 \end{vmatrix}$$
で与えられる．ただし，符号は S が正になるように選ぶ．」

もし，この定理を用いないのであれば，④と y 軸との交点を
$$\mathrm{R}(0, 2(1-2m))$$
として，
$$\triangle \mathrm{OPQ} = \triangle \mathrm{OPR} - \triangle \mathrm{OQR}$$
とすればよいだろう．

Section 10

方程式の変換

与えられた方程式
$$a_0 x^n + a_1 x^{n-1} + \cdots + a_n = 0 \quad (a_0 \neq 0)$$
の根（解）を
$$\alpha_1,\ \alpha_2,\ \cdots,\ \alpha_n$$
とするとき，これらの根とある関連を持つ別の方程式を作ることを**方程式の変換**または**根の変換**という．

これは，根を求めるために行なう"方程式の変形"とはまったく異なる概念である．なぜなら，方程式の変形は求める根が同値のままに保たれた方がよいからである．とくによく用いられる方程式の変換を問題にしてみよう．

問題1

与えられた方程式
$$a_0 x^n + a_1 x^{n-1} + \cdots + a_n = 0 \quad (a_0 \neq 0)$$
の根（解）を $\alpha_1,\ \alpha_2,\ \cdots,\ \alpha_n$ とするとき，次のものを根とする方程式を作れ．

(1) 逆数：$\dfrac{1}{\alpha_1},\ \dfrac{1}{\alpha_2},\ \cdots,\ \dfrac{1}{\alpha_n}$ （ただし，$a_n \neq 0$ とする）

(2) 反数：$-\alpha_1,\ -\alpha_2,\ \cdots,\ \alpha_n$ （**反数**とは符号を逆にした数のことである）

(3) k 倍：$k\alpha_1,\ k\alpha_2,\ \cdots,\ k\alpha_n$ （ただし，$k \neq 0$ とする）

これは"根と係数の関係"によっても求められるが，次の解答が良いだろう．

解答 与えられた方程式の左辺を
$$f(x) = a_0 x^n + a_1 x^{n-1} + \cdots + a_n \quad (a_0 \neq 0)$$
とおく．

(1) $f\left(\dfrac{1}{x}\right) = \dfrac{a_0}{x^n} + \dfrac{a_1}{x^{n-1}} + \cdots + a_n = \dfrac{1}{x^n}(a_0 + a_1 x + \cdots + a_n x^n).$

したがって，$\dfrac{1}{\alpha_1}, \dfrac{1}{\alpha_2}, \cdots, \dfrac{1}{\alpha_n}$ を根に持つ方程式は
$$a_n x^n + a_{n-1} x^{n-1} + \cdots + a_1 x + a_0 = 0 \quad (a_n \neq 0) \qquad \cdots\cdots (答)$$
である．この結果をもとの方程式の**逆数方程式**という．

(2) 仮定より
$$f(x) = a_0 (x - \alpha_1)(x - \alpha_2) \cdots (x - \alpha_n)$$
だから，
$$f(-x) = (-1)^n a_0 (x + \alpha_1)(x + \alpha_2) \cdots (x + \alpha_n).$$
したがって，$-\alpha_1, -\alpha_2, \cdots, -\alpha_n$ を根に持つ方程式は
$$a_0 x^n - a_1 x^{n-1} + \cdots + (-1)^n a_n = 0 \qquad \cdots\cdots (答)$$
である．

(3) (2)と同様にして，
$$f\left(\dfrac{x}{k}\right) = \dfrac{1}{k^n}(a_0 x^n + a_1 k x^{n-1} + \cdots + a_n k^n)$$
$$= \dfrac{a_0}{k^n}(x - k\alpha_1)(x - k\alpha_2) \cdots (x - k\alpha_n).$$
したがって，$k\alpha_1, k\alpha_2, \cdots, k\alpha_n$ を根に持つ方程式は
$$a_0 x^n + a_1 k x^{n-1} + a_2 k^2 x^{n-2} + \cdots + a_n k^n = 0 \qquad \cdots\cdots (答)$$
である．

さて，次に，解析学でも有名な次の定理を証明しておこう．というのは，この定理は方程式の変換についても重要な応用を持つからである．

第2部 代数学 MENU

◆ 問題 2

次のことを証明せよ：

n 次多項式 $f(x)$ が与えられたとき，任意の定数 α に対して，

$$f(x) = f(\alpha) + \frac{f'(\alpha)}{1!}(x-\alpha) + \frac{f''(\alpha)}{2!}(x-\alpha)^2 + \cdots + \frac{f^{(n)}(\alpha)}{n!}(x-\alpha)^n$$

が成り立つ．ただし，

$$f^{(r)}(\alpha) \quad (r = 1, 2, \cdots, n)$$

は，多項式 $f(x)$ の第 r 階導関数 $f^{(r)}(x)$ に $x = \alpha$ を代入した値である．

これを**テイラーの公式**といい，この右辺を $f(x)$ の $x = \alpha$ における**テイラーの展開**という．一般の関数の場合と異なり，n 次多項式 $f(x)$ の場合は，定数 α の如何にかかわらず，

$$f^{(n)}(x) = 定数, \quad f^{(n+1)}(x) = 0$$

となり，右辺の和は無限級数にはならない．

解答 $f(x)$ を $x - \alpha$ のベキに展開して

$$f(x) = A_0 + A_1(x-\alpha) + A_2(x-\alpha)^2 + \cdots + A_n(x-\alpha)^n$$

になったとする．まず，両辺に $x = \alpha$ を代入して，

$$f(\alpha) = A_0.$$

次に，両辺を微分して，

$$f'(x) = A_1 + 2A_2(x-\alpha) + 3A_3(x-\alpha)^2 + \cdots + nA_n(x-\alpha)^{n-1}.$$

$x = \alpha$ を代入して，

$$f'(\alpha) = A_1.$$

さらに，両辺を微分して，

$$f''(x) = 2A_2 + 3 \cdot 2 A_3(x-\alpha) + \cdots + n(n-1)A_n(x-\alpha)^{n-2}.$$

$x = \alpha$ を代入して，

$$f''(a) = 2A_2. \qquad \therefore A_2 = \frac{1}{2!}f''(a).$$

以下，この操作を続ければよい．　　　　　　　　　　　　　　　　　（了）

補足　テイラーの展開における係数を求めるとき，実際に高階微分係数を計算する必要はない．それは，次の**ホーナーの計算法**が成り立つからである：

「n 次多項式 $f(x)$ を $x-\alpha$ のベキに展開するとき，組立て除法により繰り返し $f(x)$ を $x-\alpha$ で割っていけば，その各段階の剰余が各項の係数

$$f(\alpha),\ f'(\alpha),\ \frac{f''(\alpha)}{2!},\ \cdots,\ \frac{f^{(n)}(\alpha)}{n!}$$

である．」

例　$f(x) = 3x^4 - 17x^3 + 30x^2 - 17x + 6$ を $x-2$ のベキに展開せよ．

```
2| 3   -17    30   -17    6
         6   -22    16   -2
     3  -11     8    -1    4
         6   -10    -4
     3   -5    -2    -5
         6     2
     3    1     0
         6
     3    7

     3
```

$$\therefore f(x) = 4 - 5(x-2) + 7(x-2)^3 + 3(x-2)^4 \qquad \cdots\cdots(\text{答})$$

ホーナーの計算法が成り立つ理由は次の通りである．まず，
$$f(x) = A + (x-\alpha)f_1(x)$$
とおけば，$A = f(\alpha)$ である（剰乗定理！）．さらに，$f(x)$ を $x-\alpha$ で割って，
$$f_1(x) = B + (x-\alpha)f_2(x)$$
とおけば，$B = f_1(\alpha)$．他方，第2式を第1式に代入して，

$$f(x) = A + (x-\alpha)\{B + (x-\alpha)f_2(x)\}$$
$$= A + B(x-\alpha) + (x-\alpha)^2 f_2(x).$$

この操作を繰り返せば，テイラーの公式と係数を比較して，

$$A = f(\alpha), \quad B = f'(\alpha) = f_1(\alpha), \quad C = \frac{f''(\alpha)}{2!} = f_2(\alpha), \cdots$$

を得る．

問題 3

n 次多項式 $f(x)$ において，$x = \alpha$ が重複度 k の根 $(1 \leq k \leq n)$ であるための必要十分条件は，

$$f(\alpha) = f'(\alpha) = \cdots = f^{(k-1)}(\alpha) = 0, \quad \text{かつ} \quad f^{(k)}(\alpha) \neq 0$$

であることを証明せよ．

[解答]　テイラーの公式

$$f(x) = f(\alpha) + f'(\alpha)(x-\alpha) + \frac{f''(\alpha)}{2!}(x-\alpha)^2 + \cdots + \frac{f^{(n)}(\alpha)}{n!}(x-\alpha)^n$$

において，もし $x = \alpha$ が k 重根ならば，右辺がちょうど $(x-\alpha)^k$ という共通因数を持たなければならないから，

$$f(\alpha) = f'(\alpha) = \cdots = f^{(k-1)}(\alpha) = 0, \quad \text{かつ} \quad f^{(k)}(\alpha) \neq 0.$$

逆に，この式が成立すれば，テイラーの公式において，

$$f(x) = \frac{f^{(k)}(\alpha)}{k!}(x-\alpha)^k + \cdots + \frac{f^{(k)}(\alpha)}{n!}(x-\alpha)^n$$

となるから，$f(x)$ はちょうど $(x-\alpha)^k$ という共通因数を持つ． (了)

> **問題 4**
> 次式が $(x-1)^2$ で割り切れるように a, b の値を定めよ．
> (1) $x^3 + x^2 + ax + b$
> (2) $ax^4 + bx^3 - 1$

解答 (1) $f(x) = x^3 + x^2 + ax + b$ とおけば，
$$f'(x) = 3x^2 + 2x + a.$$
$x=1$ を代入して，
$$f(1) = 1 + 1 + a + b = 0, \quad f'(1) = 3 + 2 + a = 0.$$
$$\therefore a = -5, \quad b = 3. \quad \cdots\cdots (\text{答})$$
このとき，
$$f(x) = (x-1)^2(x+3).$$

別解 組立て除法（ホーナーの計算法）を用いる．

```
 1| 1   1    a       b
        1    2      a+2
    1   2   a+2  | a+b+2
        1    3
    1   3  | a+5
```

与式が $(x-1)^2$ で割り切れるのであるから，
$$a + b + 2 = 0, \quad a + 5 = 0.$$
$$\therefore a = -5, \quad b = 3 \quad \cdots\cdots (\text{答})$$

(2) 同様にして，
$$a = -3, \quad b = 4. \quad \cdots\cdots (\text{答})$$
このとき，
$$f(x) = -(x-1)^2(3x^2 + 2x + 1).$$

さて，本題の方程式の変換についての考察にもどろう．

問題 5

与えられた方程式
$$a_1 x^n + a_1 x^{n-1} + \cdots + a_n = 0 \quad (a_0 \neq 0)$$
の根（解）を $\alpha_1, \alpha_2, \cdots, \alpha_n$ とするとき，
$$\alpha_1 - k, \ \alpha_2 - k, \cdots, \alpha_n - k \quad (k \text{ は定数})$$
を根とする方程式を作れ．

解答　テイラーの公式（問題 2 参照）より
$$f(x) = f(k) + \frac{f'(k)}{1!}(x-k) + \frac{f''(k)}{2!}(x-k)^2 + \cdots + \frac{f^{(n)}(k)}{n!}(x-k)^n$$
であるから，$t = x - k$ とおけば，
$$f(t+k) = f(k) \frac{f'(k)}{1!} t + \frac{f''(k)}{2!} t^2 + \cdots + \frac{f^{(n)}(k)}{n!} t^n.$$
したがって，t についての方程式
$$f(k) + \frac{f'(k)}{1!} t + \frac{f''(k)}{2!} t^2 + \cdots + \frac{f^{(n)}(k)}{n!} t^n = 0 \qquad \cdots\cdots (\text{答})$$
は根
$$\alpha_1 - k, \ \alpha_2 - k, \cdots, \alpha_n - k$$
を持つ．係数の実際の計算は "ホーナーの計算法" によればよい．

問題 6

方程式 $2x^3 - 3x^2 + 4x + 5 = 0$ の根を α, β, γ とするとき，次のものを根とする方程式を作れ．

(1) $2\alpha - 3, \ 2\beta - 3, \ 2\gamma - 3$

(2) $\dfrac{1}{\alpha} + \dfrac{1}{\beta} + \dfrac{1}{\gamma}, \quad \dfrac{1}{\alpha\beta} + \dfrac{1}{\beta\gamma} + \dfrac{1}{\gamma\alpha}, \quad \dfrac{1}{\alpha\beta\gamma}$

Section 10 方程式の変換

解答 (1) まず，$2\alpha, 2\beta, 2\gamma$ を根とする方程式は，問題1(3)より，
$$2x^3 - 3\cdot 2x^2 + 4\cdot 4x + 5\cdot 8 = 0$$
両辺を2で割って，
$$x^3 - 3x^2 + 8x + 20 = 0.$$
そこで，$2\alpha-3, 2\beta-3, 2\gamma-3$ を根とする方程式は前問より，ホーナーの計算法を用いて，

```
    3| 1   -3    8   20
             3    0   24
       1    0    8  |44
             3    9
       1    3  |17
             3
       1  | 6
```

$$\therefore\ x^3 + 6x^2 + 17x + 44 = 0 \qquad \cdots\cdots(答)$$

(2) まず，問題1(1)より，逆数方程式
$$5x^3 + 4x^2 - 3x + 2 = 0$$
は根 $\dfrac{1}{\alpha}, \dfrac{1}{\beta}, \dfrac{1}{\gamma}$ を持つから，根と係数の関係より
$$\dfrac{1}{\alpha} + \dfrac{1}{\beta} + \dfrac{1}{\gamma} = -\dfrac{4}{5}$$
$$\dfrac{1}{\alpha\beta} + \dfrac{1}{\beta\gamma} + \dfrac{1}{\gamma\alpha} = -\dfrac{3}{5}$$
$$\dfrac{1}{\alpha\beta\gamma} = -\dfrac{2}{5}$$
が成り立つ．したがって，求める方程式は
$$\left(x + \dfrac{4}{5}\right)\left(x + \dfrac{3}{5}\right)\left(x + \dfrac{2}{5}\right) = 0.$$
$$(5x+4)(5x+3)(5x+2) = 0.$$
$$\therefore\ 125x^3 + 225x^2 + 130x + 24 = 0 \qquad \cdots\cdots(答)$$

別解 根と係数の関係より，

第2部　代数学 MENU

$$\alpha+\beta+\gamma=\frac{3}{2}$$
$$\alpha\beta+\beta\gamma+\gamma\alpha=2$$
$$\alpha\beta\gamma=-\frac{5}{2}$$

であるから，

$$\frac{1}{\alpha}+\frac{1}{\beta}+\frac{1}{\gamma}=\frac{\alpha\beta+\beta\gamma+\gamma\alpha}{\alpha\beta\gamma}=\frac{2}{-5/2}=-\frac{4}{5}$$

$$\frac{1}{\alpha\beta}=\frac{1}{\beta\gamma}+\frac{1}{\gamma\alpha}=\frac{\alpha+\beta+\gamma}{\alpha\beta\gamma}=\frac{3/2}{-5/2}=-\frac{3}{5}$$

$$\frac{1}{\alpha\beta\gamma}=-\frac{2}{5}$$

が成り立つ（以下，解答と同じ）．

なお，これらの3根を順に A, B, C とすれば，上の結果より，

$$A+B+C=-45-\frac{3}{5}-\frac{2}{5}=-\frac{9}{5}$$
$$AB+BC+CA=\frac{12}{25}+\frac{6}{25}+\frac{8}{25}=\frac{26}{25}$$
$$ABC=-\frac{24}{125}$$

であるから，再び根と係数の関係を用いて，

$$x^3+\frac{9}{5}x^2+\frac{26}{25}x+\frac{24}{125}=0.$$

したがって，両辺を125倍して，求める方程式は

$$125x^3+225x^2+130x+24=0 \quad\quad\quad \cdots\cdots(答)$$

としてもよい．

Section 11

根の限界と分離

実係数の高次方程式 $f(x)=0$ が与えられたとき，その根（とくに実根）を求めるための補助的手段として，次の問題が考えられてきた：

(1) **根の限界を求める問題**……すべての根の存在範囲（上限と下限）を求めること，

(2) **根を分離する問題**……個々の根を含むなるべく小さい範囲を求めること．

すなわち，与えられた方程式 $f(x)=0$ が**実根**（実数解）α を持つとすれば，まず (1) によって，その範囲

$$a \leq \alpha \leq b \quad (\text{下限 } a, \text{ 上限 } b)$$

は如何ほどになるかについて大よその認識を持ち，次に (2) によって，その範囲を次第に細分して，個々の根をできるだけ精密に近似するわけである．

実係数の方程式 $f(x)=0$ が与えられた区間 $a \leq x \leq b$ の中にいくつの実根を持つかを決定する問題を**スツルムの問題**という．これは 1829 年に **Sturm** が完全な解を与えた．この種の問題として，基本的な次の定理がある：

「区間 $a < x < b$ の両端における実係数の多項式 $f(x)$ の値について，

(1) 異符号 $f(a)f(b) < 0$ ならば，$f(x)$ はこの区間内に奇数個（少なくとも 1 個）の実根を持つ．

(2) 同符号 $f(a)f(b) > 0$ ならば，$f(x)$ はこの区間内に偶数個（0 個の場

合も含める) の実根を持つ.

ただし, 重根は重複度だけ数えるものとする.」

直観的に, 連続関数 $y=f(x)$ のグラフを用いて説明すれば, 図の x 切片 (曲線と x 軸との交点) の個数を数えることとなる.

この定理は「代数学の基本定理」(§8 参照) で考察した次の定理と密接な関連がある. なぜなら, 上の定理で $a \to -\infty$, $b \to \infty$ とすれば, 次の定理となるからである:

「実係数の多項式は, 重複度も数えれば,

(1) 奇数次ならば, 奇数個 (少なくとも 1 個) の実根を持つ. また,

(2) 偶数次ならば, 偶数個 (0 個の場合も含める) の実根を持つ.」

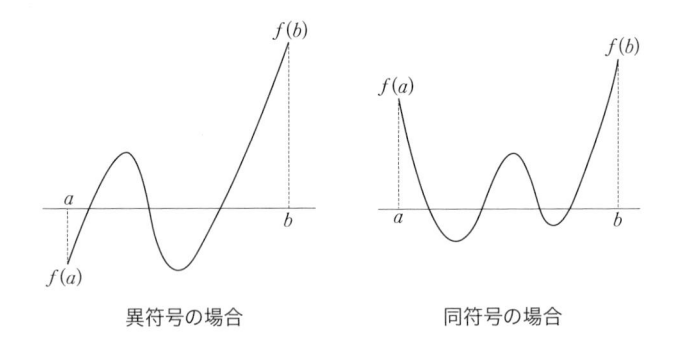

異符号の場合　　　　同符号の場合

なお, 実係数多項式 $f(x)$ の最高次の係数を a_0 とすれば, $f(x)$ が実根を持たないための必要十分条件は, 任意の x に対して
$$f(x)a_0 > 0$$
が成り立つことである.

Section 11 　根の限界と分離

問題 1

n を正の整数とする．x についての 2 次方程式
$$x^2 - 2anx + bn = 0$$
が相異なる実数解をもち，それらがともに -2 より大きく 2 より小さくなるような点 (a, b) の集合を図示せよ．また点 $(0, -3)$ がこの集合に属するとき，n の値を求めよ．

(北海道大学)

解答　$f(x) = x^2 - 2anx + bx$ とおき，$f(x) = 0$ の判別式を D とすれば，題意より，
$$\frac{D}{4} = a^2 n^2 - bn = n(a^2 n - b) > 0.$$
$$\therefore\ b < a^2 n \qquad \cdots\cdots ①$$
$$f(-2) = 4 + 4an + bn > 0.$$
$$\therefore\ b > -4a - \frac{4}{n} \qquad \cdots\cdots ②$$
$$f(2) = 4 - 4an + bn > 0.$$
$$\therefore\ b > 4a - \frac{4}{n} \qquad \cdots\cdots ③$$
さらに，対称軸について，
$$-2 < an < 2.$$
$$\therefore\ \frac{-2}{n} < a < \frac{2}{n} \qquad \cdots\cdots ④$$
①，②，③，④を横軸 a，縦軸 b の座標平面上に図示すれば，図の斜線部分となる．ただし，境界線は含まない．

267

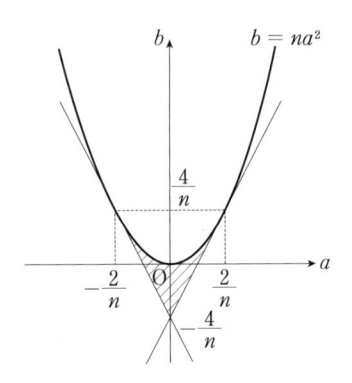

また，点 $(0, -3)$ がこの集合に属するとき，①，②，③，④に $a = 0$, $b = -3$ を代入して，
$$-3 > \frac{4}{n}. \quad \therefore n < \frac{4}{3}$$
したがって，n が正の整数であることより，
$$n = 1 \qquad \cdots\cdots (答)$$
となる．

問題 2

方程式
$$x^4 - 4x^3 + 7x^2 + 1 = 0$$
は実根（実数解）を持たないことを証明せよ．また，任意の根を α とすれば，$|\alpha| < 8$ となることを証明せよ．

解答 $f(x) = x^4 - 4x^3 + 7x^2 + 1$ とおけば，右辺を変形して，
$$f(x) = (x^2 - 4x + 7)x^2 + 1 = \{(x-2)^2 + 3\}x^2 + 1.$$
したがって，実数 x に対しては $f(x) \geqq 1$ となり，$f(x) = 0$ にはなりえない．
$$\therefore \quad f(x) = 0 \text{ は実根を持たない．}$$

次に，もし $|\alpha| \geq 8$ なる根 α が存在したとすれば，
$$\alpha^4 = 4\alpha^3 - 7\alpha^2 - 1$$
が成立するから，両辺の絶対値をとれば，
$$|\alpha|^4 \leq 4|\alpha|^3 + 7|\alpha|^2 + 1 \leq 7(|\alpha|^3 + |\alpha|^2 + 1)$$
$$= 7 \cdot \frac{|\alpha|^4 - 1}{|\alpha| - 1} \leq 7 \cdot \frac{|\alpha|^4 - 1}{8 - 1}$$
$$= |\alpha|^4 - 1.$$
これは矛盾である．
$$\therefore \ |\alpha| \geq 8 \text{ なる根 } \alpha \text{ は存在しない．} \tag{了}$$

さて，前回「方程式の変換」において，n 次多項式 $f(x)$ を $x - \alpha$ のベキに展開するとき，組立て除法により繰り返し $f(x)$ を $x - \alpha$ で割っていけば，その各段階の剰余が
$$f(x) = f(\alpha) + \frac{f'(\alpha)}{1!}(x - \alpha)$$
$$+ \frac{f''(\alpha)}{2!}(x - \alpha)^2 + \cdots + \frac{f^{(n)}(\alpha)}{n!}(x - \alpha)^n$$
の係数
$$f(\alpha), \ f'(\alpha), \ \frac{f''(\alpha)}{2!}, \ \cdots, \ \frac{f^{(n)}(\alpha)}{n!}$$
である (**ホーナーの計算法**)，と述べた．このとき，
$$x \geq \alpha \ \text{ならば，} \ (x - \alpha)^r \geq 0 \ (r = 1, 2, \cdots, n)$$
であるから，もし上の係数がすべて正ならば，
$$f(x) \geq f(\alpha) > 0$$
となる．言い換えれば，実数 x について，$f(x) = 0$ ならば $x < \alpha$ とならなければならない．こうして，次の重要な定理が証明された．

「n 次の実係数多項式 $f(x)$ において，
$$f(\alpha), \ f'(\alpha), \ f''(\alpha), \ \cdots, \ f^{(n)}(\alpha)$$
がすべて正ならば，$f(x)$ の実根は α より小さい．計算は"ホーナーの計算法"によれば簡便である．」

第2部 代数学MENU

問題3

$f(x) = x^3 - 8x^2 + 30x - 50$ の実根の上限と下限を求めよ.

ホーナーの計算法は非常に効率の良い優れた方法であるが，どのような a について試算をすればよいかについては触れていない．いくつかの候補について試行錯誤してみる必要がある．

解答 $a = 5$ としてホーナーの計算法を用いれば,

```
  5 |  1   -8    30   -50
    |       5   -15    75
    ─────────────────────
       1   -3    15  | 25
    |       5    10  |
    ─────────────────
       1    2    25
    |       5
    ──────────
       1    7
```

∴ 実根 < 5（上限）

次に，与えられた方程式を変換して

$$x^3 + 8x^2 - 30x + 50 = 0$$

とすれば，この方程式はもとの根と符号反対の根を持つ（「方程式の変換」参照）．これに $a = 2$ としてホーナーの計算法を用いれば,

```
  2 |  1    8   -30    50
    |       2    20   -20
    ─────────────────────
       1   10   -10  | 30
    |       2    24  |
    ─────────────────
       1   12    14
    |       2
    ──────────
       1   14
```

$$\therefore \ 実根<2$$
したがって，もとの方程式については，符号を逆にして，
$$-2<実根（下限）$$
以上より，与えられた方程式の実根について，
$$-2<実根<5. \qquad \cdots\cdots(答)$$

|注意| 与えられた多項式が
$$f(x)=x^4+8x^3-20x-30$$
のような場合，たとえば $a=2$ として組立て除法を行なうと

```
  2 | 1    8    0   -20   -30
    |      2   20    40    40
    ─────────────────────────
      1   10   20    20 |  10
```

となって，商も剰余もすべて正となる．こうした場合，それ以上割り算を繰り返さなくても，それ以降の剰余はすべて正となる ($\because 2>0$) から，実根 <2 と結論づけられる．同様にして，この多項式の根の符号を反対にして
$$x^4-8x^3+20x^2-30=0$$
について，$a=8$ とすれば，

```
  8 | 1   -8    0    20   -30
    |      8    0     0   160
    ─────────────────────────
      1    0    0    20 | 130
```

$$\therefore \ 実根<8$$
したがって，もとの多項式 $f(x)=x^4+8x^3-20x-30$ について
$$-8<実根<2$$
となる．試行錯誤をする場合，このような簡便法を用いると効率が良くなる．

問題 4

関数
$$f(x) = 3x^2 - 2(a+1) + a^2$$
について，次の問に答えよ．ただし，a は実数とする．

(1) 放物線 $y = f(x)$ と x 軸が 2 点で交わるとき 2 交点の間の距離が最大となるような a の値と，そのときの距離を求めよ．

(2) x についての 2 次方程式 $f(x) = 0$ が，ともに 0 より大きく 1 より小さい相異なる実数解をもつための a のとりうる値の範囲を求めよ．

(北海道大学)

解答 (1) $f(x) = 0$ が相異なる 2 実根 α, β ($\alpha < \beta$) を持つから，判別式を D とすれば，
$$\frac{D}{4} = (a+1)^2 - 3a^2 = -2a^2 + 2a + 1 > 0.$$
これより，
$$\frac{1-\sqrt{3}}{2} < a < \frac{1+\sqrt{3}}{2} \qquad \cdots\cdots ①$$
また，根と係数の関係より，
$$\alpha + \beta = \frac{2}{3}(a+1), \quad \alpha\beta = \frac{a^2}{3}$$
であるから，
$$\begin{aligned}
(\beta - \alpha)^2 &= (\alpha + \beta)^2 - 4\alpha\beta \\
&= \frac{4}{9}(a+1)^2 - \frac{4}{3}a^2 \\
&= -\frac{9}{8}a^2 + \frac{8}{9}a + \frac{4}{9} \\
&= -\frac{8}{9}\left(a - \frac{1}{2}\right)^2 + \frac{2}{3}.
\end{aligned}$$
$a = \frac{1}{2}$ は①の範囲内にあるので，このとき距離 $\beta - \alpha$ は

$$\text{最大値} \sqrt{\frac{2}{3}} = \frac{\sqrt{6}}{3} \qquad \cdots\cdots(\text{答})$$

をとる．

(2) 求める条件は，①と，対称軸について

$$0 < \frac{a+1}{3} < 1.$$

$$\therefore \quad -1 < a < 2. \qquad \cdots\cdots\text{②}$$

さらに，

$$f(0) = a^2 > 0, \qquad \therefore \ a \neq 0.$$

$$f(1) = 3 - 2(a+1) + a^2 = a^2 - 2a + 1 = (a-1)^2 > 0,$$

$$\therefore \ a \neq 1,$$

$$\therefore \ a \neq 0, \ a \neq 1. \qquad \cdots\cdots\text{③}$$

①，②，③より，

$$\frac{1-\sqrt{3}}{2} < a < \frac{1+\sqrt{3}}{2} \quad (\text{ただし}, \ a \neq 0, \ a \neq 1) \qquad \cdots\cdots(\text{答})$$

注意
$$\frac{1-\sqrt{3}}{2} \fallingdotseq -\frac{0.732}{2} = -0.366\cdots\cdots$$

$$\frac{1+\sqrt{3}}{2} \fallingdotseq \frac{2.732}{2} = 1.366\cdots\cdots$$

に注意して，数直線上で①，②，③を同時に満たす a の値の範囲をとる．

Section 12

整数問題と3角形

　この"代数学メニュー"では主に恒等式，不等式，方程式に関する諸問題を考察したのであるが，代数学という大きな分野には，この他に整数問題，行列と1次変換，複素数と複素数平面なども含まれるだろう．これらについて系統立てて述べることは他の機会に譲って，ここでは，特に3辺が整数であるような3角形に関する"整数問題"を紹介して，最終回としたい．

　一般に，3辺および面積が整数である3角形を**ヘロンの3角形**ということがある．その代表的なものは3辺が整数であるような直角3角形，すなわち，**ピタゴラスの3角形**である．ピタゴラスの3角形は，直角を挟む2辺を x, y とし，斜辺を z とすれば，

$$x^2 + y^2 = z^2 \quad (\text{ピタゴラスの方程式})$$

を満たす．3, 4, 5 を3辺とする直角3角形はこの種の問題の典型例である．

「3辺が整数であるような直角3角形の直角を挟む2辺を x, y とすれば，その少なくとも一方は偶数である（したがって，ピタゴラスの3角形の面積は整数である）．」

　なぜなら，仮に，x と y を共に奇数とすれば，
$$x = 2k+1, \quad y = 2k'+1$$
と書けるから，
$$x^2 + y^2 = (2k+1)^2 + (2k'+1)^2$$
$$= 4(k^2 + k'^2 + k + k') + 2 = 4k'' + 2.$$

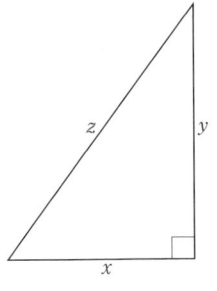

これは斜辺 z を奇数としても偶数としても不合理である．したがって，x と y の少なくとも一方は偶数でなければならない．　　　　　　　　　(了)

一般に，任意の整数 x が与えられたとき，ある正の整数 m で x を割って，その商を k，余りを r とすれば，

$$x = mk + r, \quad 0 \leq r < m$$

と一意的に表すことができる (**整除の一意性**)．これを**除法定理**という．この定理によって，正の整数 m を固定して考えれば，任意の整数は

$$mk, \ mk+1, \ mk+2, \ \cdots, \ mk+m-1$$

のいずれかの形に書けるわけである．このことを，「整数全体は m を法 (modulus) とする別個の**剰余類**に類別される」という．

問題 1

ピタゴラスの方程式 $x^2 + y^2 = z^2$ の整数解において，次のことを証明せよ．

(1) x, y, z の少なくとも一つは 3 の倍数である．

(2) 同様に，x, y, z の少なくとも一つは 4 の倍数であり，少なくとも一つは 5 の倍数である．

解答 (1) 仮に，x, y, z のいずれも 3 の倍数でないとすれば，それらはそれぞれ

$$3k \pm 1$$

の形であり，その平方は

$$(3k \pm 1)^2 = 9k^2 \pm 6k + 1 = 3k' + 1$$

の形である．したがって，$x^2 + y^2$ のとりうる形は $3k'' + 2$ になる．しかし，z^2 のとりうる形は $3k' + 1$ に限るから，これは不合理である．したがって，x, y, z の少なくとも一つは 3 の倍数でなければならない．

(2) x, y, z の少なくとも一つが5の倍数であることも同様にして証明できるから，ここでは前半の少なくとも一つが4の倍数であることだけを証明してみよう．

仮に，x, y, z のいずれも4の倍数でないとすれば，それらは

$$4k+1, \quad 4k+2, \quad 4k+3$$

の形であり，その平方は

$$(4k+1)^2 = 16k^2+8k+1 = 8k'+1 \text{ の形},$$
$$(4k+2)^2 = 16k^2+16k+4 = 8k'+4 \text{ の形},$$
$$(4k+3)^2 = 16k^2+24k+9 = 8k'+1 \text{ の形}$$

となる．また，前述の解説のように，x と y が共に奇数ということはないから，x^2+y^2 のとりうる形は

$$8k''+5 \quad \text{または} \quad 8k''$$

のいずれかとなる．しかし，z^2 のとりうる形は

$$8k'+1 \quad \text{または} \quad 8k'+4$$

のいずれかに限るから，これは不合理である．したがって，x, y, z の少なくとも一つは4の倍数でなければならない． (了)

ピタゴラスの3角形については，古典的な次の**ブラーマグプタの公式**が有名である．

「ピタゴラスの方程式

$$x^2+y^2=z^2, \quad (x, y)=1$$

の整数解は，互いに素な任意の二つの正の整数解，$m, n \ (m>n)$ について，

$$\begin{cases} x=m^2-n^2 \\ y=2mn \\ z=m^2+n^2 \end{cases}$$

で与えられる．ただし，m と n は方が偶数，他方は奇数とする．」

ここで，**互いに素**とは最大公約数が1ということで，二つの整数 x と y が互いに素であることを $(x, y)=1$ と記す．この条件のついているとき，

ピタゴラスの 3 角形は **原始的** (プリミティブ) であるという．この条件は，もし x と y の最大公約数が g ならば，
$$x = g'x, \quad y = gy', \quad (x', y') = 1$$
として，直角を挟む 2 辺を x', y' とする相似 3 角形を考えればよいから，あらかじめ，x と y は互いに素であると仮定しても一般性を失わないからである．

ブラーマグプタ (Brahmagupta) というのは西暦 600 年頃のインドの数学者である．この公式によれば，斜辺 z が 100 を越えない原始的なピタゴラスの 3 角形は次表の 16 組である．"原始的" という条件がないときは，g を任意の正の整数として，
$$\begin{cases} x = g(m^2 - n^2) \\ y = 2gmn \\ z = g(m^2 + n^2) \end{cases}$$
とすればよい．これは原始的な 3 角形の相似拡大に過ぎない．ブラーマグプタの公式の証明は本稿の末尾に "補足" として掲げる．

ピタゴラスの 3 角形については上の公式をはじめ古来いろいろな研究があるが，ここではもう一つの重要な場合である "正 3 角形" について，実際の入試問題を用いて考察してみよう．

m	n	x	y	z
2	1	3	4	5
3	2	5	12	13
4	1	15	8	17
4	3	7	24	25
5	2	21	20	29
5	4	9	40	41
6	1	35	12	37
6	5	11	60	61
7	2	45	28	53
7	4	33	56	65
7	6	13	84	85
8	1	63	16	65
8	3	55	48	73
8	5	39	80	89
9	2	77	36	85
9	4	65	72	97

第2部 代数学MENU

問題2

三角形 ABC において，$\angle B = 60°$，B の対辺の長さ b は整数，他の2辺の長さ a, c はいずれも素数である．このとき，三角形 ABC は正3角形であることを示せ．　　　　　　　　　　　　　　　　　　　（京都大学）

[解答]　図のように
$BC = a$,　$BA = c$,　$AC = b$ $(\angle B = 60°)$
として，$a = b = c$ を示す．

余弦定理によって
$$b^2 = a^2 + c^2 - 2ac\cos 60°$$
$$= a^2 + c^2 - ac$$
$$= (a-c)^2 + ac.$$
$$\therefore ac = (b+a-c)(b-a+c) \quad \cdots\cdots ①$$

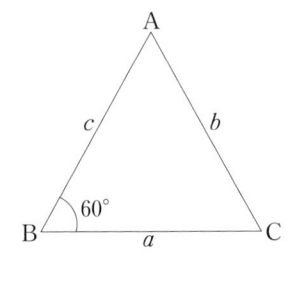

ここで，$a \geqq c$ と仮定しても一般性を失わない．すると，
$$a - c \geqq 0 \geqq -a + c$$
であるから，①において，3角不等式より
$$b + a - c \geqq b - a + c \geqq 0.$$

a, c は素数であるから，①の右辺において

(1) $b - a + c \neq 1$ ならば，素因数分解の一意性によって，
$$b + a - c = a, \quad b - a + c = c.$$
$$\therefore a = b = c.$$

(2) $b - a + c = 1$ ならば，$ac = b + a - c$．この右辺に $b = 1 + a - c$ を代入して，
$$ac = 2a - 2c + 1.$$
$$(a+2)c = 2a + 1.$$
$$\therefore c = \frac{2a+1}{a+2} = 2 - \frac{3}{a+2}.$$

278

a, c は正整数であるから $a = c = 1$.
$$\therefore a = b = c \ (= 1)$$
しかし，a, c は素数であるから，この場合は除外される．以上より，△ABC は正 3 角形である． (了)

問題 3

n 平面上の点 (a, b) は，a と b がともに有理数のときに**有理点**と呼ばれる．n 平面において，三つの頂点がすべて有理点である正 3 角形は存在しないことを示せ．ただし，必要ならば $\sqrt{3}$ が無理数であることは証明なしで使ってよい． (大阪大学)

解答 三つの頂点がすべて有理点である正 3 角形 ABC が存在したとする．
$$\overrightarrow{AB} = \begin{pmatrix} a \\ b \end{pmatrix}, \quad \overrightarrow{AC} = \begin{pmatrix} c \\ d \end{pmatrix}$$
とおくと，3 頂点 A, B, C は有理点であるから，a, b, c, d は有理数になる．この面積は
$$\triangle ABC = \frac{1}{2}|ad - bc| = \frac{\sqrt{3}}{4}(a^2 + b^2)$$
と 2 通りに表すことができるので，
$$\sqrt{3} = \frac{2|ad - bc|}{a^2 + b^2}.$$
この左辺は無理数，右辺は有理数となり，矛盾する．したがって，三つの頂点がすべて有理点である正 3 角形は存在しない． (了)

注意 本問では $\sqrt{3}$ が無理数であることは使ってよいが，このことを念のため次に証明しておこう．仮に $\sqrt{3}$ が有理数であるとすれば，既約分数に

よって,
$$\sqrt{3} = \frac{p}{q}, \quad (p, q) = 1 \qquad \cdots\cdots ①$$
の形に書くことができる．この分母を払って平方すると
$$p^2 = 3q^2 \qquad \cdots\cdots ②$$
となる．すると，p^2 は 3 の倍数だから p も 3 の倍数になり，$p = 3k$ とおける．これを②に代入すれば $9k^2 = 3q^2$．
$$\therefore 3k^2 = q^2.$$
したがって，q も 3 の倍数となり，p と q が互いに素という仮定①に反する．したがって，$\sqrt{3}$ は無理数でなければならない．

この証明では p, q があらかじめ互いに素と仮定しておくことが肝要である．

補足（ブラーマグプタの公式の証明）

原始的なピタゴラスの 3 角形
$$x^2 + y^2 = z^2, \quad (x, y) = 1$$
が与えられたとする．x, y の一方は奇数，他方は偶数であるから，一般性を失うことなく，x を奇数，y を偶数としてよい．このとき, z は奇数である．さて，
$$x^2 = z^2 - y^2 = (z+y)(z-y)$$
において，$z+y$ と $z-y$ の最大公約数を g とすれば，g は両者の和 $2z$ と差 $2y$ の公約数である．しかし，$z+y, z-y$ は共に奇数だから，g も奇数となり，g は z と y の公約数となる．これは原始的という仮定に反する．
$$\therefore (z+y, z-y) = 1.$$
したがって，$x^2 = (z+y)(z-y)$ において，左辺 x^2 が完全平方数であるから，因数 $z+y, z-y$，もそれぞれが完全平方数でなければならない．したがって，
$$z+y = u^2, \quad z-y = v^2 \ (u > v)$$
とおくことができる．u, v は奇数であるから，整数解 $m, n \ (m > n)$ で，

$$\frac{u+v}{2}=m, \quad \frac{u-v}{2}=n$$

と書ける．逆に解いて，
$$u=m+n, \quad v=m-n.$$
このとき，
$$x=uv=(m+n)(m-n)=m^2-n^2,$$
$$y=\frac{u^2-v^2}{2}=2mn,$$
$$z=\frac{u^2+v^2}{2}=m^2+n^2,$$

ここで，$u=m+n$, $v=m-n$ は共に奇数だから，m と n は一方が偶数，他方は奇数である．また，$(u,v)=1$ より $(m,n)=1$ となる．

　逆に，
$$x=m^2-n^2, \quad y=2mn, \quad z=m^2+n^2$$
がピタゴラスの方程式を満たすことは明らかである． 　　　　　　　　（了）

索引

■ ア行

亜群　36, 42

アーベルの定理　84

アルキメデスの公理　89

位数　53

位数 n の巡回群　96

位数 4 の巡回群　57

1 の n 乗根　94

イデアル　105

因数定理　230

ヴェイト　2

ウィルソンの定理　171

エミー・ネーター　5

エラトステネスの篩　112

オイラー　3

オイラーの公式　92

オイラーの素数定理　117

オイラーの定数　118

オイラーの問題　46

凹関数　188

黄金比　148

■ カ・ガ行

外延的定義法　11

ガウス　4

ガウスの補題　108

可換群　53

可換律　20, 38, 53

拡大集合　14

カタラン数　44

合併集合　18

加法群　56, 62

可約　239

環　66

含意記号　14

完全数　128

幾何平均　179, 184

基本対称式　193

既約　239

既約分数　106

逆元　39, 52, 165

逆数方程式　257

九去法　160

共役根　239

共通部分　18

行列算　67

極　205

極形式　98

虚数　91

空集合　14

クラインの四元群　57

群　39

群表　52

係数の範囲　238

係数比較法　203

結合算法　49

結合律　20, 36, 40, 42, 52

原始的　277

交代式　198

恒等式　202

合成数　111

合同式　154

公倍数　105

公約数　105

282

根　229, 238
根の限界と分離　265

■サ・ザ行

最小公倍数　105, 133
最大公約数　105, 132
差積　198
三角数　129
算術平均　177, 184
三段論法　16
試行錯誤　109
次数　205, 230
自然数の整列性　28, 212
四則演算　33, 62
実根　265
10 進法　158
自明な約数　111
集合　10, 31
十分条件　14
商　230
条件つき不等式　247
乗法群　56, 62
乗法的　122
除法定理　103, 230, 275
剰余　103, 230
剰余定理　230
剰余類　153, 275
所属記号　13
真部分集合　15
推移律　16, 105
数学的帰納法　21, 211
数体　35
数値代入法　203
スツルムの問題　265

整域　67
整除　103, 230, 275
整数環　33, 66
整数論的関数　122
生成元　57
正則　39, 165
正則連分数　144
正領域　248
絶対最小剰余　154
絶対不等式　247
全行列環　66
選言　17
全集合　15
全順序　17
素因数　111
素因数分解定理　114
束　107
素数　111
素数計数関数　116

■タ・ダ行

体　33
対称式　192
代数学の基本定理　84, 239
代数系　33
代数的構造　33
代数的数　90
代数方程式　229, 238
互いに素　105, 277
多項式　229
多項定理　227
単位元　37, 40, 52
超越数　90
調和平均　178

283

通分　106
テイラーの公式　258
定数多項式　230
凸関数　188
ド・モアブルの定理　27, 93, 218
ド・モルガンの法則　19

■ナ行
内包的定義法　11
2項定理　221
2元演算　36
2次無理数　148

■ハ・バ・パ行
倍数　103, 230
パスカル　30
パスカルの3角形　220
ハミルトンの四元数　85
ハミングの距離　79
半群　36, 42
反射律　16, 104
半順序　17, 104
反対称律　16, 105
比較可能律　17
ピタゴラスの3角形　274
左単位元　38
必要条件　14
否定　19
ヒルベルト　6
フィボナッチ数列　151
フェルマー型の素数　119
フェルマーの定理　169
複素数体　34
双子素数　115

普通剰余　103
部分集合　16, 105
部分分数　17
ブラーマグプタの公式　276
負領域　248
ブール環　76
分配律　20, 62
閉鎖律　36, 40, 42, 52
ベキ等律　76
ヘロンの3角形　274
法 m の剰余環　69, 167
法 p の剰余体　69, 168
包含関係　15
包含記号　14
方向因子　98
方程式の変換　256
補集合　19
ホーナーの計算法　259, 269

■マ行
右単位元　38
未定係数法　194
無限群　53
無限集合　14
メルセンヌ型の素数　128
モニック　231

■ヤ行
約数　103, 122, 158, 230
約数の個数　122
約数の積　127
約数の和　126
約分　106
ユークリッドの互除法　134

284

ユークリッドの第1定理　113
ユークリッドの第2定理　113
有限群　53
有限集合　14
有理根　231
有理数体　33
有理数の稠密性　89
有理点　279

■ラ行

ライプニッツ　3
ライプニッツの定理　172
ラテン方陣　54
両側単位元　38
類別　153
零因子　67
零多項式　230
零点　205
連言　17
連分数　144

■ワ行

和・差・積・商　62

Memo

Memo

（著者紹介）

加藤明史 (かとう あきのぶ)

鳥取大学名誉教授

著書：親切な代数学演習，現代数学社，その他

訳書：ファン・デル・ヴェルデン「代数学の歴史」，現代数学社，その他.

読んで楽しむ代数学 2007年11月9日　初版1刷発行

検印省略	著　者	加藤明史
	発行者	富田　栄
	発行所	株式会社　現代数学社

〒606-8425　京都市左京区鹿ヶ谷西寺ノ前町1
TEL&FAX 075 (751) 0727　振替 01010-8-11144
http://www.gensu.co.jp/

印刷・製本　合同印刷株式会社

ISBN 978-4-7687-0376-2　　　　　落丁・乱丁はお取替え致します.